Hedwig Fechheimer

Kleinplastik der Ägypter

saxoniabuch

Hedwig Fechheimer

Kleinplastik der Ägypter

ISBN/EAN: 9783957703644

Auflage: 1

Erscheinungsjahr: 2015

Erscheinungsort: Dresden, Deutschland

Bei diesem Buch handelt es sich um den Nachdruck eines vergriffenen Buches. Hieraus resultierende Qualitätseinbussen sind unvermeidlich. Wir bitten, diese zu entschuldigen.

KLEINPLASTIK DER ÄGYPTER

VON

HEDWIG FECHHEIMER

MIT 158 ABBILDUNGEN

BRUNO CASSIRER VERLAG BERLIN
1921

Adolf Erman

I.

So spricht König Ramses III. – Leben, Heil und Gesundheit sei ihm beschieden – der große Gott, diesen Gott preisend, seinen erhabenen Vater Amon-Re, den König der Götter, den Urgott, der zuerst war, den göttlichen Gott, der sich selbst zeugte, der den Arm ausstreckt und die Atef-Krone auf sein Haupt hebt, der Schöpfer alles Erschaffenen, der Erzeuger alles Erzeugten, der sich vor Menschen und Göttern verbirgt:

Neige mir dein Ohr, du Herr der Götter, höre die Gebete, die ich dir darbringe. Siehe ich komme zu dir nach Theben, deiner geheimnisvollen Stadt, daß ich Gott werde unter den Göttern, die vor deinem Angesicht sind. Du ruhst in deiner prächtigen Stätte im erhabenen Angesicht deines Heiligtums. Ich bin unter den Göttern, den Herrschern des Totenreiches, wie mein Vater Osiris, der Herr der Unterwelt. Laß meine Seele den Seelen der Götter gleichen, die neben dir im ewigen Horizonte ruhen.

Ich war ein König auf Erden, ein Herrscher der Lebenden. Du setztest die Krone auf mein Haupt nach deinem Willen. Ich wurde in Frieden in den herrlichen Palast geführt, ich saß freudigen Herzens auf deinem Thron. Du setztest mich auf den Thron meines Vaters wie den Horus auf den Thron des Osiris.

Ich bedrückte nicht, ich beraubte nicht den andern seines Thrones, ich überschritt nicht deinen Befehl, der vor mir stand. Du gibst Frieden und Zufriedenheit meinem Volke und alle Länder knien in Anbetung vor mir. Ich weiß die Wohltaten, die du als König erwiesest, und ich vermehre dir die Zahl der Opfer und Taten.

Ich errichtete dir ein erhabenes Haus für Millionen von Jahren auf dem Berge „Herr des Lebens" im Angesicht deines Tempels, gebaut aus Sandstein und schwarzem Granit. Seine Tore sind aus Weißgold und Kupfer in getriebener Arbeit, seine Türme aus Stein türmen sich zum Himmel, geschmückt und mit Meißelwerk verziert in dem großen Namen deiner Majestät.

Ich baute eine Mauer darum, mit Sorgfalt errichtet, mit Rampen und Türmen aus Sandstein. Ich grub einen Teich davor, angefüllt mit dem Himmelsozean, mit Bäumen und Grün bewachsen wie das Delta.

Ich füllte seine Speicher mit den Schätzen der ägyptischen Länder, mit Gold und Silber und mit allen kostbaren Steinen zu Hunderttausenden. Seine Scheuern flossen über von Gerste und Weizen, seine Äcker und seine Herden: Ihre Zahl war wie der Sand des Ufers.

Ich machte ihm den Norden und den Süden zinsbar. Nubien und Phönizien brachten ihm Abgaben: Es ist angefüllt mit Gefangenen, die du mir aus den Völkern gabst und mit dem Nachwuchs, den ich aufziehe zu zehntausenden.

Ich bildete dein großes Bild, das in ihm ruht, „Amon, der die Ewigkeit bewohnt," ist sein erhabener Name. Es war mit echten Edelsteinen geschmückt gleich den beiden Horizonten. Wenn es erschien, so jubelten die Menschen.

Ich machte ihm Opfergeräte aus gutem Gold und solche aus Silber und Kupfer ohne Zahl. Ich vermehrte die Gottesopfer, die man vor dir darbringt, Brot, Wein und gemästete Gänse, die Zahl der Ochsen, des Jungviehs, der Kälber und Kühe und die weißen Antilopen und Gazellen, die in seinem Schlachthofe geopfert werden.

Ich schleppte Denkmäler herbei gleich Bergen aus Alabaster und Sandstein, von Bildhauern gemeißelt, errichtet zur Rechten und zur Linken seines Tores; mit dem großen Namen deiner Majestät gezeichnet bis in Ewigkeit. Und andere Statuen aus Granit und braunem Sandstein, Skarabäen aus schwarzem Granit, die in seinem Inneren ruhen.

Ich bildete Ptah Sokris und Nefertem und alle Götter des Himmels und der Erde. Sie ruhen in seiner Kapelle, verfertigt aus gutem Gold und Silber in getriebener Arbeit, mit echten Edelsteinen eingelegt in vortrefflicher Kunst.

Ich errichtete in seinem Innern eine erhabene Kapelle gleich der Halle des Atum, die im Himmel steht. Ihre Säulen, Pfosten und Türme waren aus Weißgold, das große Fenster, in dem der Gott erscheint, aus gutem Golde.

Ich baute ihm Schiffe, mit Gerste und Weizen beladen, die unaufhörlich nach seiner Scheune fahren. Ich baute ihm große Schatzschiffe auf dem Strome, mit zahllosen Gaben für sein herrliches Schatzhaus beladen.

Ich umgab es mit Gärten und Hainen, angefüllt mit Früchten und Blumen für deine göttlichen Uräen. Ich baute ihnen Wachttürme mit Fenstern, ich grub einen Teich davor, in dem Lotusblumen wachsen.

Ich baute deinen „geheimen Horizont" in deiner Stadt Theben im Angesicht deines Heiligtums, du Herr der Götter, das „Haus des Ramses, des Herrn von

Heliopolis – Leben, Heil und Gesundheit sei ihm beschieden – im Amontempel". Es dauert wie die Himmel, die die Sonne tragen. Ich baute es, ich verkleidete es mit Sandstein, es erhielt große Tore aus gutem Gold. Ich füllte seine Schatzhäuser mit den Dingen, die meine Hände fassen, um sie täglich vor dir darzubringen.

Ich schmückte dir das südliche Karnak mit gewaltigen Denkmälern. Ich baute dir dazu ein Haus gleich dem Thron des Herrn des Alls, das „Gotteshaus des Ramses, des Herrn von Heliopolis – Leben, Heil und Gesundheit sei ihm beschieden –, dem Freude wiederfährt im Karnak." Wiederum errichtete ich dir Denkmäler im „Siegreichen Theben", dem Ruhesitz, den dein Herz liebt, nahe deinem Angesicht. Das „Haus des Usermare Meriamon im Hause des Amon", gleich der Kapelle des Herrn des Alls aus Stein gebaut; wie ein Wunderwerk in ewiger Arbeit verfertigt. Seine Tore waren aus rotem Granit, die Türen und Pfosten aus Gold. Ich schenkte ihm den Nachwuchs, den ich aufzog, und Gaben zu Hunderttausenden.

Ich baute dir eine verborgene Kapelle aus einem einzigen erlesenen Granitblock, ihre Türen sind aus gehämmertem Kupfer, darein dein göttlicher Name eingezeichnet ist. Dein erhabenes Bild ruht in ihr wie Re in seinem Horizonte, der auf seinem Thron sitzt von Ewigkeit zu Ewigkeit, in deinem großen und herrlichen Heiligtum.

Ich machte dir einen großen Opfertisch aus Silber getrieben, mit Feingold verziert, mit Einlagen aus Ketemgold, darauf Königsstatuen aus getriebenem Gold und eine Opfertafel mit den göttlichen Opfern, die man dir darbringt.

Ich verfertigte dir ein großes Gestell für die Gefäße deines Vorhofs, mit Feingold verziert, mit Einlagen aus Edelstein. Seine Gefäße waren aus Gold, mit Wein und Bier gefüllt, das dir jeden Morgen dargebracht werde.

Ich baute dir einen Speicher für das „Fest des Erscheinens" mit Sklaven und Sklavinnen. Ich versah sie mit Brot, Bier, Ochsen und Gänsen, Wein und Weihrauch, Früchten, Kräutern, Blumen und reinen Opfern, die dir täglich gespendet werden, neben dem ständigen Opfer, das vordem war.

Ich verfertigte dir ein prächtiges Amulett aus Gold mit Einlagen, große Halskragen und Quasten aus geläutertem Ketemgold zur Zierde deines Leibes, so oft du dich an deiner großen und herrlichen Stätte in Karnak zeigst. Ich machte dir mein Königsbild aus Gold, in getriebener Arbeit, damit es an der Stätte, die es kennt, in deiner erhabenen Kapelle ruhe.

Ich machte dir große Tafeln aus gehämmertem Gold, darauf der Name deiner Majestät und die Urkunde dieses Tempels eingegraben steht. Ich machte dir andere Tafeln aus gehämmertem Silber, darauf der große Name deiner Majestät mit dem Grabstichel eingezeichnet steht, mit den Urkunden und Verzeichnissen der Tempel und Heiligtümer, die ich in Ägypten errichtete, solange ich auf Erden herrschte, um sie in deinem Namen aufzubewahren in Ewigkeit. Du bist ihr Schützer, der sie behütet. Ich machte dir andere Tafeln aus gehämmertem Kupfer, der sechsfachen goldfarbigen Mischung, darauf der Name deiner Majestät eingegraben steht und die Tempelvorschriften der Heiligtümer und alle Lobpreisungen und Verehrungen, die ich deinem Namen weihte. Dein Herz wurde fröhlich, als du sie vernahmst, du Herr der Götter!

Ich machte dir ein großes Gefäß aus reinem Silber, sein Rand war aus Gold, darauf dein großer Name eingegraben steht. Sein Sieb war aus reinem gehämmerten Silber. Ein großes silbernes Siebgefäß auf Füßen. Ich besserte die tragbaren Statuen der Mut und des Chons aus, die in den Goldwerkstätten erneuert und aufgefrischt wurden, mit starkem Feingold überzogen und mit allen kostbaren Steinen eingelegt, die Ptah gemacht hat. Halskragen zieren sie vorn und hinten und Quasten aus Ketemgold; sie ruhen frohen Herzens über die großen Taten, die ich für sie verrichtete.

Ich machte dir große Stelen für dein Portal, mit gutem Golde beschlagen, die Figuren in Ketemgold eingelegt, große Basen liegen darunter, mit Silber beschlagen, die Figuren in Gold eingelegt, so schwer, daß sie die Erde biegen.

Ich gab dir zehnmal zehntausend Maß Gerste für dein göttliches Opfer an jedem Tag, damit sie alljährlich nach Theben gerudert werden, um in deinen Speichern Gerste und Weizen zu mehren.

Ich führte vor dich die Gefangenen der neun Bogenvölker und die Abgaben der Länder und Fremdländer an dein Heiligtum. Ich machte den Weg nach Theben zu einem Pfad, der zu dir führt, um Schätze herbeizuschaffen.

Ich stiftete dir Opfergaben an den Festtagen und Jahreszeiten, um sie darzubringen, so oft du erscheinst: Brot, Bier, Ochsen und Gänse, Wein und Weihrauch und Früchte ohne Zahl. Sie sind auferlegt den Fürsten und Beamten, um die Wohltaten zu mehren, die ich deinem Ka erwiesen habe.

Ich zimmerte dir deine erhabene Barke Userhet, die hundertdreißig Ellen mißt auf dem Strome, aus den mächtigen Zedern der Kronwälder, mit gutem

Golde beschlagen, so schwer, daß sie den Ozean beugt wie die Barke des Re, wenn er im Osten heraufkommt und Aller Augen in seinem Anblick leben. Darin ist eine große Kapelle, aus gutem Gold mit Einlagen aus allen kostbaren Edelsteinen wie ein Palast, die Widderköpfe aus Gold an ihrer Vorder- und Rückseite tragen gekrönte Uräen.

Ich schleppte dir Arabien herbei mit seinen Myrrhen, daß man deinen Tempel allmorgentlich in Weihrauch hülle. Ich pflanzte Weihrauchbäume in deinem Heiligtum; seit der Zeit der Götter hatte man keine mehr gesehen.

Ich machte dir große Transportschiffe, Galeeren und Barken mit bewaffneten Truppen auf dem Meere. Ich gab ihnen Truppenführer und Führer den Galeeren, die mit zahllosen Truppen bemannt waren, um die Schätze von Phönizien und den Enden der Erde nach deinen großen Schatzhäusern im siegreichen Theben zu fahren.

Ich machte dir Herden im Süden und im Norden: Ochsen, Gänse und Kleinvieh zu Hunderttausenden, mit Aufsehern der Herden, Schreibern, Aufsehern des Hornviehs, Beamten und vielen Hirten hinter ihnen und Futter genug, um sie dir zu opfern an allen deinen Festen, daß dein Herz sich an ihnen erfreue, du Herrscher der Götter.

Ich machte dir Weingärten in der südlichen Oase und in der nördlichen Oase ohne Zahl, und Weingärten in Oberägypten und im Delta eine lange Reihe. Ich mehrte sie dir nach Hunderttausenden. Ich gab ihnen Gärtner aus den Gefangenen der Fremdländer. Sie sind mit Teichen versehen, die ich grub, Lotusblumen wachsen darin, ihr Most und Wein gleicht der Wasserflut, um sie dir im „Siegreichen Theben" darzubringen. Ich pflanzte in deine Stadt Theben Sträucher und duftende Blüten für deine Nase.

Ich baute ein Haus für deinen Sohn Chons in Theben aus gutem Stein, rotem Sandstein und schwarzem Granit. Ich beschlug seine Türpfosten und Türen mit Gold und mit Einlagen aus Silbergold gleich den Türen des Himmels. Ich arbeitete in den Goldwerkstätten an deinen Bildern mit allen herrlichen Steinen, die meine Hände herbeischafften.

Ich errichtete dir einen erhabenen Sitz in der Hauptstadt des Nordlandes, dein Eigentum für ewige Zeiten, das „Haus des Ramses, des Herrn von Heliopolis – Leben, Heil und Gesundheit sei ihm beschieden –, des Siegreichen".

Ich führte Ägypten herbei mit seinen Gaben; das Volk aller Länder ist in ihm versammelt, zu ihm gehören Gärten und Anlagen und Haine mit Dattelpalmen jeder Art, die mit Früchten beladen sind. Dein Gottesweg funkelt von den Blumen aller Länder und von duftenden Blüten aller Art, zahlreich wie der Sand.

Ich pflanzte den Weinberg „Kanekeme", gleich den beiden Ägypten bewässert, in den großen Olivenpflanzungen, der Weinstöcke trägt. Eine meilenlange Mauer umgibt sie, bepflanzt mit großen Bäumen auf ihren vielen Wegen, darin ist mehr Öl als der Sand des Ufers, daß man es dir bringe nach dem „siegreichen Theben", und Wein, der wie Wasser fließt unermeßlich dir zum Opfer an jedem Tag.

Ich erbaute dir deinen Tempel auf seinem Grundstück in trefflicher Arbeit aus dem herrlichen Stein von Ayan. Seine Tür und seine Türpfosten sind aus Zedernholz, mit Kupfer beschlagen, mit Einlagen aus allerlei Edelsteinen, wie die Türen des Himmels.

Ich bildete dein erhabenes Bild für die Feste des „Erscheinens", gleich dem Re, wenn er die Erde mit seinen Strahlen erleuchtet. „Amon des Ramses, des Herrn von Heliopolis" ist sein großer, erhabener Name.

Ich füllte sein Haus mit den Sklaven und Sklavinnen, die ich aus den Ländern der Beduinen fortführte; die Laienpriester des Tempels waren die Söhne der Vornehmen, die ich erzog. Seine Schatzhäuser sind mit den Gaben aller Länder überflutet, seine Scheunen stoßen an den Himmel, seine Herden sind zahlreicher als der Sand; die Hürden der Ochsen, die ihm dargebracht werden, und das tägliche Gottesopfer stehen voll und rein vor ihm da. Die Mastställe sind voll fetter Gänse, die Geflügelhöfe voll gefangener Vögel, die Gärten voller Weinstöcke, mit ihren Früchten beladen, mit blühenden Pflanzen und allerlei Blumen.

Ich machte dir ein erhabenes Haus in Nubien, darauf dein erhabener Name eingegraben steht. Es gleicht dem Himmel, das „Haus des Ramses, des Herrn von Heliopolis – Leben, Heil und Gesundheit sei ihm beschieden –, des Siegreichen", das dauern wird und deinen Namen tragen in Ewigkeit.

Ich baute dir ein geheimnisvolles Haus in Phönizien gleich dem Götterpalast, der im Himmel ist, das „Haus des Ramses, des Herrn von Heliopolis – Leben, Heil und Gesundheit sei ihm beschieden –, in Kanaan" als Eigentum deines Namens.

Ich bildete dein großes Bild, das in ihm ruht, den „Amon des Ramses, des Herrn von Heliopolis – Leben, Heil und Gesundheit sei ihm beschieden –".

Die Völker Syriens kamen zu ihm, sie trugen ihre Gaben vor sein Angesicht, weil es göttlich ist.

Ich schleppte dir die Länder der Erde herbei, die sich für dich vereinigten, ihre Tribute darzubringen, um sie nach Theben zu schaffen, der Stadt deines Geheimnisses.

Ich machte dir Statuen in den Gauen Ägyptens für dich und die Götter, die dieses Land beschützen. Ich baute ihnen Tempel, Weinberge mit ihren Bäumen, Gärten mit Hainen, Feldern, Vieh, Herden und vielen Sklaven. Dir gehören sie ewiglich, dein Auge ist über ihnen, du bist ihr Schützer bis in Ewigkeit.

Ich arbeitete an deinen großen gewaltigen Bildern in ihren Gauen in den Ländern Ägyptens. Ich stellte ihre Tempel wieder her, die verfallen waren, ich mehrte die Opfer, die ihnen gespendet werden über die ständigen Opfer, die vordem waren.

Siehe, ich verzeichnete, was ich vor dir getan habe, mein erhabener, göttlicher Vater, du Herr der Götter, auf daß Menschen und Götter meine Wohltaten kennen, die ich dir in meiner Macht erwiesen habe, so lange ich auf Erden war."

Die Liste des Papyrus Harris verzeichnet einen Teil der Bauten und Stiftungen, die König Ramses III. 1198–1167 v. Chr. in einunddreißig Jahren den Göttern weihte. Man sieht: auf den Ruf dieses Einzigen entstanden Tempel von Nubien bis Memphis. Seine Vorfahren überboten einander im Glanz ihrer Heiligtümer und die Enkel folgten ihnen nach. Überall umgrenzten bildgeschmückte Mauern und Pylone die farbenbunten Wege der Säulenhöfe und Hallen, die zu den Kapellen mit Statuen der Götter hinführten. „Ptah hatte sie errichtet, so daß ihre Herzen froh wurden. Und da gingen die Götter ein in ihre Leiber aus jedem Holz, aus jedem Edelstein und aus jedem Kupfer." Die Wände der Tempel und zahllosen Grabstätten Ägyptens, überziert mit Figuren und Hieroglyphen des Lebendigen, dessen Bestimmung Tod ist, waren Schrifttafeln der Ewigkeit.

Seit dem Neuen Reich sehen wir diese Tempelkunst Maße annehmen, die über die Kräfte des eigenen Landes hinausgehen: Tribute von auswärts strömen in die Hände der Pharaonen. Wir zitieren nach den Annalen Thutmosis III. 1501–1447 v. Chr., die er in den Umgang des Allerheiligsten von Karnak meißeln ließ. „Ich übertreibe nicht, um mich meiner Taten zu rühmen, um zu sagen: ‚Das tat ich' und ich tat es nicht. Auch tat ich es nicht für die Menschen, die man täuschen kann. Ich tat es für meinen Vater Ammon, der zu sagen weiß, was nicht getan wurde. Denn er kennt den Himmel und er kennt die Erde, er sieht die ganze Erde zu jeglicher Stunde." Der erste asiatische Feldzug des Königs gipfelt in der Eroberung Megiddos: „Siehe, die Großen dieses Landes kommen auf ihren Bäuchen, um die Erde zum Ruhm des Königs zu küssen, um Atem für ihre Nasen zu erflehen, wegen der Größe seiner Macht, wegen der Gewalt seines Ruhms. Es kamen alle Großen ihn zu ehren. Sie brachten die Abgaben an Silber, Gold, Lapislazuli und Malachit. Sie brachten Korn, Wein, Herden und Kleinvieh für das Heer seiner Majestät. Jeder von ihnen trug seinen Tribut stromaufwärts.

Es wurden gebracht: „Wagen mit Gold beschlagen, mit goldener Deichsel von jenem Feind und ein schöner Wagen, mit Gold beschlagen, des Fürsten von Megiddo, und achthundertzweiundsiebzig Wagen seiner elenden Truppen. Ein schönes Panzerhemd jenes Feindes aus Bronze, zweihundert Panzer seiner elenden Truppen, fünfhundertundzwei Bogen, sieben silberbeschlagene Zeltspangen aus Mery-Holz."

Gefangene: „Achtunddreißig syrische Große, siebenundachtzig Kinder jenes Feindes und der Fürsten, die bei ihm waren. Dazu fünf syrische Große, eintausendsiebenhundertsechsundneunzig Sklaven und Sklavinnen mit ihren Kindern. Einwohner, die aus Hunger überliefen: einhundertunddrei Mann. Daneben Gefäße aus Edelstein und Gold und Trinkschalen, insgesamt zweitausendfünfhundertunddrei. Ein großer Krug von syrischer Arbeit, Gefäße, Schüsseln und Näpfe; Kessel und Schwerter. Gold in Ringen, gefunden in den Händen der Künstler, und viel Silber in Ringen. Eine gehämmerte Silberfigur mit goldenem Kopf. Stäbe mit drei Menschenköpfen. Sechs Sänften des feindlichen Fürsten aus Elfenbein, Ebenholz und Johannisbrotholz mit Goldeinlagen, sechs dazugehörige Schemel, sechs große Tische aus Elfenbein und Johannisbrotholz. Ein Stab aus Holz, wie ein Szepter geformt, mit Einlagen aus Gold und allerlei Edelsteinen, Johannisbrot aus dem Besitz jenes Feindes. Alles mit Gold beschlagen. Eine Statue jenes Feindes aus Ebenholz, mit Gold überzogen, der Kopf mit Einlagen aus Lapislazuli. Bronzegefäße, viele Gewänder jenes Feindes."

Tribute des Fürsten von Assur im vierundzwanzigsten Jahre: „Ein großer Block echter Lapislazuli, zwei Block echter Lapislazuli, und kleinere Stücke.

Schöner babylonischer Lapislazuli. Buntfarbige assyrische Gefäße aus Hertet-Stein in großer Zahl."

Der Tribut der Fürsten von Retenu in demselben Jahre: „Die Tochter eines Fürsten. Ihr Schmuck aus Gold und Lapislazuli ihres Landes, ihre Gefolgsleute: dreißig Diener, fünfundsechzig Sklaven und Sklavinnen, hundertunddrei Pferde, fünf Wagen, mit Gold beschlagen, mit goldenen Deichseln. Fünf Wagen mit Weißgold beschlagen, Goldschalen unermeßlich an Gewicht, Silberschalen und Bruchsilber. Ein Horn aus Gold mit Einlagen aus Lapislazuli. Ein Brustschild aus Bronze mit Goldeinlagen. Achthundertdreiundzwanzig Krüge Weihrauch, eintausendsiebenhundertundachtzehn Krüge Wein und Honig, Elfenbein, Johannisbrotholz und viele Hölzer, alle Kostbarkeiten dieses Landes, gebracht nach jedem Ort, dem seine Majestät sich nahte, bei dem sein Zelt aufgeschlagen wurde."

Fünfundzwanzigstes Jahr: „Siehe, seine Majestät eroberte die Stadt Arwad mit ihrem Getreide, und alle ihre nützlichen Bäume wurden gefällt. Siehe, da fand man die Schätze von ganz Zahi, ihre Gärten voller Früchte. Man fand ihren Wein in den Keltern wie Wasserfluten, ihre Getreide auf den Abhängen zahlreicher als der Sand des Ufers. Die Truppen wurden mit Speisen überschüttet. Siehe, die Truppen seiner Majestät betranken sich und salbten sich mit Öl jeden Tag wie an Festtagen in Ägypten."

Unter den Tributen des Fürsten von Retenu im einunddreißigsten Jahr sind genannt: „Einundvierzig bemalte Felle, Gold und alle Schätze und alle wohlriechenden Hölzer des Landes, dreiunddreißig verschiedene Gefäße, grüner Stein, alle kostbaren Steine des Landes und viele funkelnde Steine: alle guten Dinge des Landes."

„Und als seine Majestät nach Ägypten heimkehrte, kamen die Boten der Genebtiu mit ihren Abgaben an Myrrhen und Gummi, männlichen Negern als Dienern, allerlei Vieh, zudem Schiffe mit Elfenbein und Ebenholz, mit Pantherfellen und Schätzen beladen."

Im dreiunddreißigsten Jahr errichtete Thutmosis einen Grenzstein am Euphrat und fuhr stromab, „eroberte die Städte und verwüstete die Siedelungen jenes Feindes, des elenden Naharin. Er verfolgte die Feinde auf dem Fluß. Keiner sah hinter sich; wahrlich, sie liefen davon eilenden Laufs wie eine Herde Bergziegen."

Unter den Abgaben der Fürsten des Libanon waren „Zwei unbekannte Vögel, und Wildvögel des Landes, die täglich Eier legten."

Tribut des Fürsten von Sinear (Babylon): „Echter Lapislazuli, künstlicher Lapislazuli, ein Widderkopf, babylonischer Lapislazuli."

Tribut von Groß-Chattiland: „Silber in Ringen, ein großer Block kostbaren weißen Steins, Tagu-Holz."

„Wunderdinge, die seiner Majestät in diesem Jahre aus Punt gebracht wurden. Zweihundertunddreiundzwanzig Scheffel getrocknete Myrrhen, Sklaven und Sklavinnen, Vieh, Barken, mit Elfenbein und Ebenholz beladen, mit Pantherfellen und allen guten Dingen des Landes."

Aus der Beute von Zahi im vierunddreißigsten Jahr: „Tragbahren aus schwarzem Holz und Johannisbrotholz samt sechs Zeltstangen, mit Bronze beschlagen und mit kostbaren Steinen besetzt, und alle schönen Hölzer des Landes."

Syrischer Tribut: „Dreihundertundachtundzwanzig Pferde, fünfhundertundzweiundzwanzig Sklaven und Sklavinnen, neun Wagen mit Silber und Gold beschlagen, einundsechzig bunt bemalte Wagen, eine Halskette aus echtem Lapislazuli, eine Amphora und drei Schalen, Ziegenköpfe, ein Löwenkopf; alles Gefäße phönizischer Arbeit. Kupfer und Blei in Blöcken, Weihrauch, süßes Öl, syrisches Öl und Fett, Wein und Vieh, ein Hirsch, fünf Zähne Elfenbein, Tafeln aus Elfenbein und Johannisbrotholz, Schilde, Bogen und Waffen."

Aus den großen Opfern des Königs für Amon „als die Majestät des erhabenen Gottes sich nach seinem südlichen Opet begab:"

„Vier äthiopische Kühe, die täglich mit goldenen Melkkübeln gemolken werden, um ihre Milch meinem Vater Amon darzubringen.

Drei Städte im oberen Retenu: Nuges war der Name der einen, Jenoam war der Name der anderen, Kerenkeru war der Name der letzten. Ihre jährlichen Abgaben bestreiten das Gottesopfer meines Vaters Amon."

„Ich brachte ihm dar Gold, Silber, Lapislazuli und Malachit, Kupfer, Bronze und Blei und zahlreiche Farben, um alle Denkmäler meinem Vater Amon zu errichten."

Von einem anderen Amon-Tempel berichtet die Grabinschrift des Fürsten Thutj, des Aufsehers des Gold- und Silberschatzes der Königin Hatschepsut – etwa 1500–1480 v. Chr. – Sie ließ den „unvergänglichen Sitz der Ewigkeit" in Der el-Bahri erbauen, „Sein Boden war mit Gold und Silber überzogen, seine Schönheit gleicht dem Palast des Himmels."

Für Der el-Bahri bestimmte Hatschepsut „Einen großen Schrein aus nubischem Ebenholz, seine Treppe war breit und hoch aus reinem Alabaster von Hatnub."

Für Karnak: „Zwei große Obelisken, einhundertacht Ellen lang, ganz mit Weißgold überzogen. Ihr Glanz erfüllt die beiden Länder, wahrlich, sie sind ein einziger Block aus unvergänglichem Granit ohne Spalt oder Fuge. Höre mich, ich gab vom feinsten Weißgold dazu; literweise maß ich es wie aus Kornsäcken. Meine Majestät bestimmte mehr dafür, als die beiden Länder je gesehen hatten. Der Unwissende wie der Weise, sie wissen es."

Ein herrliches Tor: „Schrecken des Amon" aus einer einzigen Kupferplatte gemacht. Opfertafeln des Amon in Karnak aus ungezähltem Weißgold und allen kostbaren Steinen.

Prächtige Truhen „mit Kupfer und Weißgold beschlagen; alle Gefäße, Stoffe und Edelsteine für die göttlichen Glieder.

Ein großer Sitz, der Gottesschrein, aus Granit. Seine Festigkeit gleicht den Stützen des Himmels; er ist für die Ewigkeit gebaut."

Das ist das Ägypten der großen Monumente. Das Werk einer Bevölkerung, deren Sitten einst – als lebendige Gegenwart – Herodot so fremdartig anmuteten, „wie auch ihr Himmel von fremder Art ist, und gleichwie ihr Fluß eine andere Natur hat als die übrigen Flüsse". „Gottesfürchtig sind sie über die Maßen, mehr als alle anderen Völker."

Derselbe Ägypter, der sich vor seinen Göttern zu Boden wirft, „der unter den Füßen seines Herrn lebt, die Spur seines Fußes kennt und dem Wege seines Wohltäters folgt", ist ein „Mann des Festes, geliebt von den Myrrhen und ein Freund des Gelages", „Der Schönes spricht und den Mund schön öffnet, ein Mann der Myrrhen, der die Trunkenheit liebt", und Gesang und Tanz und den Weihrauch, „den angenehmen Geruch des Gottesatems." „Er wäscht seine Füße auf einer Platte von Weißgold mit einem Rande von Malachit." Er liebt „die schönen Dickichte seines Sees, seine Felder und Gärten." „Er steigt zu seinem Teiche hinab, wie sein Herz es ihm eingibt. Er pflanzt Sykomoren in den Garten bei seinem Hause und füllt seine Hand mit allen Blumen, die sein Auge sieht, und wird ihrer nie müde". Er besitzt „eine Sänfte aus Ebenholz, ihre Tragstangen sind aus Johannisbrotholz und mit Gold beschlagen." „Seine Fächer sind vom Rücken der Strauße, welche ihm die Libyer geschlagen haben mit ihren Wurfhölzern." Die Inschriften der Särge berichten seine Freuden: „Du pflückst Papyrus und Lotosblüten in deiner Barke; Wasservögel kommen zu Tausenden, auf deinen Weg getrieben. Du schleuderst dein Wurfholz gegen sie. Tausend fallen unter dem Sausen seines Windes: Ra-Gänse und Wildgänse, Entenweibchen und Entenmännchen. Ich lasse dir junge Gazellen bringen und weiße Stiere ohne Horn. Ich bringe dir Steinböcke und Mähnenschafe." Größeren Luxus kannten die Nachkommen dieses ägyptischen Landadels im neuen Reich:

„Du kleidest dich in feines Leinen, du besteigst den Wagen, eine goldene Peitsche in der Hand. (Das Geschirr) sind syrische Riemen. Neger laufen vor dir her. Du steigst in dein Cedernschiff, das reich bemannt ist. Du gelangst zu deiner schönen Burg, die du dir selbst erbaut hast. Dein Mund ist gefüllt mit Wein und Bier, mit Brot und Fleisch und Kuchen. Ochsen werden dir geschlachtet, Wein ist geöffnet, reizender Gesang ist vor dir. Dein oberster Salber salbt dich mit Kemj. Dein Wasservogt bringt Kränze, dein Bauernvorsteher bringt Vögel, dein Fischer bringt Fische. Deine Galeere kommt aus Syrien, beladen mit allem Schönen." Erman.

Er liebt es, beim Brettspiel in der Laube zu sitzen; der König verleiht ihm nach Verdienst das „Gold der Tapferkeit", von Künstlerhänden geformt: „einen Löwen aus feinstem Gold, zwei Armbänder, zwei Fliegen, vier Armspangen."

Schön sind die Städte Ägyptens: vor allen „Ramseshaus", das Merneptah 1225–1215 v. Chr. gegründet hat. „Freue dich, wenn du in ihr wohnst." „Dem Geringen ergeht es dort wie dem Großen. Kommt lasset uns ihm seine Himmelsfeste feiern und seine Zeitanfänge.

Zu ihm kommt der Sumpf mit Papyrus und der Horus-See mit Rohr, Blumensträuße aus dem Garten und Kränze aus den Weinbergen.

Man bringt ihm den Vogel aus dem kühlen Wasser das Meer mit seinen Fischen. Man bringt ihm ihre Lagunen dar.

Die Jungen der „Siegreichen" sind täglich in Festkleidern, süßes Öl ist an ihren Häuptern auf den neuen Haarflechten. Sie stehen an ihren Türen, und ihre Hände sind mit Blumen belastet, von den grünen Kräutern des Hathortempels, von den Kränzen des Her-Wassers am Tage, da Ramses-Month einzieht in den beiden Ländern am Morgen des Choiahkfestes.

„O Merneptah, du erstes Schiff, du schlagende Keule, du Schwert, das die Asiaten tötet, du Messer für die Hand! Er stieg aus dem Himmel herab, daß er in Heliopolis geboren werde. Siege wurden ihm in allen Ländern befohlen. Wie schön ist der Tag deines Hierseins. Wie süß klang deine Stimme, wenn du redetest, als du die Stadt „Ramseshaus" bautest, den Anfang der Fremdländer und das Ende Ägyptens. Mit schönen Fenstern und leuchtenden Gemächern aus Lapislazuli und Malachit. Die Stätte, wo man deine Wagenkämpfer übt, die Stätte, wo man deine Fußtruppen mustert, die Stätte, wo man deine Schiffsmannschaft landet, wenn sie die Tribute bringt. Preis dir, wenn du kommst unter deinen asiatischen Sklaven, den wildblickenden, heißfingerigen, seit sie den Herrscher gesehen haben, wie er kämpfend dasteht. Die Berge bleiben nicht vor ihm stehen, sie fürchten sich vor deiner Kraft, o Merneptah." Erman.

II.

Es lockt uns, dieses Ägypten in seinen künstlerischen Neigungen und seiner sinnlichen Unmittelbarkeit aufzusuchen. Seine kunstreichen Holzstatuetten Bronzen und kleinen Steinfiguren kennen zu lernen, die Arbeiten aus Ton und Fayence und die figurengeschmückten Geräte: entzückende Erfindungen des Luxus und der Laune. Trotz feierlicher Gebärden werden wir mehr Spiel als Gottesdienst sehen, und die Freude am zierlich Bewegten und Feinen.

Wir nehmen einige Bilder vorweg, die Motive der großen Kunst übertragen.

Der Kopf einer Dioritstatuette Tafel 8 gleicht im Stil und der vortrefflichen Arbeit den Kairiner Chefrenstatuen. Die Londoner Alabasterstatuette Tafel 10 und 11 gehört zum Besten aus der vierten Dynastie, neben dem Fragment der Mädchenfigur Tafel 9, die der Nofrit in Kairo wie eine jüngere Schwester gleicht. Die Tafeln 12–17 bereichern das Bild dieser Kunstzeit.

Der plastisch und psychologisch fesselnde Obsidiankopf Tafel 22 und 23 steht der Kunst der zwölften Dynastie, zumal den ergreifenden Königsbildnissen nahe. Die Figur des Tetu aus Heliopolis Tafel 21, der untere Teil ist leider zerstört, ist eine glänzende Granitarbeit aus dem Mittleren Reich. Das inschriftlose Bildnis Tafel 24 und 25 zeigt die einfache große Flächenteilung derselben Zeit.

Die Statuette Amenophis II. Tafel 49 und die Sandsteingruppe Tafel 50 stammen aus der Glanzzeit der Kleinplastik, dem Neuen Reich. Sie bilden in Entwurf und Material Typen der großen Kunst ab. Die neuen plastischen Einsichten der Zeit werden angewendet. Vor der zusammenschließenden Rückwand des Gruppenbildes ist die Komposition bereichert. Das gerauhte Relief der kleinen Flachfiguren, die wechelnde Zeichnung der Perücken setzen eine neue Empfindlichkeit für Lichtdifferenzen voraus. Gleichzeitig wandelt sich der Typus, Abbild dessen, was die Zeit für schön erklärt. Die Kurven flachen sich ab, Umrisse werden unscharf. Die Formen gehen ineinander über und leben vom leisesten Wechsel der Schatten und Lichter: eine Einstellung des Sehens, die eine Kunst des Ausgewählten und Feinen begünstigte. Die Zierreihen der Schrift sprechen „zu den Göttern Amon Re und Osiris „der auf seinem Berge ist". Sie mögen dem Türhüter des Palastes Amenhotepuser und seiner Frau gewähren: „Einzugehen in den Berg der Gerechten, den Gott zu schauen auf seinem großen Thron am Tage des großen Erscheinens. Kränze zu empfangen in Abydos und zu fahren an der Spitze der Sterne, die zum Himmel aufsteigen; Einzutreten in die Halle der Wahrheit."

Der Typ des Hockenden im Mantel Tafel 97 ist die späte Erfindung einer bewußt stilisierenden Kunst. Seit dem Neuen Reich bevorzugt, wurde es, zumal in der libyschen Zeit Ägyptens vielfältig umgebildet. Es lohnte, einmal die verschiedenen Lösungen nebeneinander zu geben. An dem einzigen Motiv würde der Wert wohlverstandener Unterordnung unter feste Normen der Kunst deutlich. Wie man, die Kräfte auf einen Punkt sammelnd, Höchstes erzielte. Wie rücksichtsloses Selbstbetonen jedes Einzelnen dagegen die Fähigkeiten zersplittern muß, bis der Anspruch der Eitelkeit die Leistung übertrifft, und der Sinn des Kunstschaffens verkehrt wird: Letzter Ausweis zu sein, den ein Volk über seine Natur und sein geistiges Schicksal abgibt. Der Bildhauer des Nechtef-Mut war besonders erfinderisch in der Kunst des Aufbauens und Einfügens. Aus seinem figurierten Würfel könnte man die Pfeilerhallen und Kapellen der ägyptischen Architektur erschließen.

Tafel 118: Inschriften und Bilderfriese, aus der Fläche gewonnene Formen, beginnen sich über die Rundfigur zu breiten: Eigenwilliges Vermischen der plastischen Ausdrucksweisen. Es wechseln herausgehobene, flache und eingegrabene Figuren. Sie verschleiern den Glanz der spiegelnden Schieferflächen. Der Mensch ist zur Schriftsäule geworden, Bilder und Zeichen umkreisen die Formen. Die Statuette berichtet.

Die Zauberstele in den Händen des Priesters Peti-m-hat dient der Beschwörung von Schlangen und Skorpionen. Horus, der Sohn der Isis ist darauf abgebildet. Er wurde einst von einem Skorpion verletzt; auf den Ruf der Isis „kam Nephthys weinend und ihre Klage durchtönte die Sümpfe. Selkis schrie: Was gibt es, was geschah dem Horus? Bete zum Himmel, so wird die Mannschaft des Re Halt machen und das Sonnenschiff geht nicht bei Horus vorbei". Da stieß Isis ihren Ruf aus zum Himmel und ihren Schrei zur Barke der Ewigkeit. Da stand die Sonne still und bewegte sich nicht von ihrem Platze. Thot kam, versehen mit seinem Zauber und dem Befehl des Re. „Was gibt es, was gibt es? Isis, du Herrliche mit dem kundigen Munde! – Ich komme her aus dem Schiff der Sonne von ihrer gestrigen Stelle. Finsternis entstand und das Licht ist verjagt, bis Horus geheilt ist!"

Metternich-Stele. Erman.

III.

Wir überschauen die Abbildungen dieses Bandes. Sie bestätigen uns: Es gibt eine ägyptische Statuettenkunst. Sie berichtet Zustände der Seele und Vorgänge, die wir ohne sie nicht kennten. Unter dem Vorwand einer Andachtskunst entstehen anmutige Übersetzungen des Lebens, eine eigene Plastik, die nicht verkleinertes Abbild der großen Kunst ist. Wir erfahren die raffinierte Augensinnlichkeit einer Hofgesellschaft; ein Mäzenatentum, das bildende Kunst als Verfeinerung des Lebens begriff. Die Verfertiger der Statuetten kannten die Reize bildsamer Stoffe. Sie mischten in den kunstreichen Bronzen die Farben der Metalle nach ihrem Belieben und schufen aus einer Handvoll Tonerde Wunder der Form und Glasur.

Es gibt Bildtypen, die nur klein und im intimen Material – Silber Holz Fayence – erfunden werden. So bildete sich um Amenophis IV. eine Kunst des Aktes, die bei großen Maßen versagen mußte. Der Ägypter nahm es genau mit diesen Dingen; genauer als die griechischen Meister. (Wir erinnern uns des kauernden Jungen im Ostgiebel von Olympia und ähnlicher großer Figuren.) Er wird nie aus einem Sentiment eine Trivialität übertragen. Sein winzigstes Götteramulett hält Distanz. Unfehlbar schiebt sich ihm zwischen das Empirische und seine Übersetzung ein Neues: die Bildform.

Die Ägypter schätzten neben dem Pathos der Dimensionen eine Werkdisziplin und Verantwortung im Kleinsten. Sie wollten bei dem zierlichen Silber- oder Karneolfigürchen, dessen Winzigkeit der Abbildung spottet, dieselbe „ewige Arbeit" sehen wie bei den großen Werken.

Die abgebildeten Statuetten beanspruchen keine tiefgründige Kunstbetrachtung. Bisweilen wird man nach dem Anlaß eines merkwürdigen Bildtypus fragen, im übrigen sich der Meisterschaft des Unauffälligen erfreuen. Wir schicken einige kurze Anmerkungen voraus. Am liebsten lassen wir die Ägypter selbst sprechen.

Die Geschichte der Statuettenkunst zeichnet sich gegen die der großen Skulptur deutlich ab. Die vorgeschichtliche Zeit ist Blütezeit der kleinen Figuren und Gruppen. Im Elfenbein, Ton und hartem Stein variieren geschickte Hände, vielfältig in Motiven und Sehweisen, ihre Vorlage: den Menschen, das Tier. Nicht tektonisch und doch urplastisch. Skulptur war die Kunst des Runden und der stark gekrümmten Flächen; das Bildwerk stereometrische Figur. Die Phantasie denkt in Kugeln, Zylindern, Spindeln. Das Dreidimensionale ist so verstärkt, daß man zur Abstraktion einer Silhouette fast nicht kommt. Die Künstler hatten die Gabe des ganz Deutlichen, der nackten Form. Sie erfühlen ein Volumen, das der Moderne konstruiert. Er ertrotzt vor sich selbst ein Elementares gegen die künstlerische Verlogenheit einer Plastik, in die er hineingeboren wurde. Was dort natürlicher Ablauf, ist bei ihm Katastrophe. Wir fühlen, daß die alten Bilder unvorsätzlich und rein aus der Seele hervortraten. Über den Menschen, der sie schuf und begehrte, sagt diese Kunst wenig aus. Ihre Merkmale sondern sie deutlich von der späteren ägyptischen Kunst ab. Wir sehen sie in der Nähe der afrikanischen Skulptur.

Die historische Kunst der Ägypter ist – wie ihre Natur – nicht eigentlich afrikanisch. Sie weist nach Norden wie der Lauf des Nils. Ihre Kultur erhebt sich als Erste unter den Randvölkern des Mittelmeeres, und ihnen verwandt, zu weiter Sichtbarkeit. Doch der Schauplatz ihrer Mythen und Bilder ist – über die vom Flusse gesättigte Erde hinweg – Afrika: Sandbreiten der Wüste, Überfülle des Lichtes und der nächtliche Glanz der Gestirne „der Götter am Leibe der Nut, der Blühenden von Heliopolis, die die Welt mit ihrer Schönheit erfüllt, die alle Götter als Leuchten an ihren Leib setzte, damit sie nicht von ihr wichen als Sterne".

Die Umkehr des Stils war am Ende der zweiten Dynastie vollzogen. Sie deutet auf eine Wendung im Schicksal der Bewohner Ägyptens hin, deren Umstände uns verborgen sind.

Eine Gruppe kleiner Steinbildwerke der zweiten und dritten Dynastie leitet die Kunst des Alten Reiches ein. Man wird diese Grabfiguren trotz ihrer geringen Maße kaum als Kleinplastik bezeichnen. Ihre steingebundenen Entwürfe, die der vielfältigen Teilungen menschlicher Gestalt nicht achten, tragen jedes Format. Ihr Maß bestimmte vielleicht der ihnen vorbehaltene Raum im Grabe: die enge Öffnung in der Mauer der Kultkapelle. Hier ist Unsterblichkeit durch die unberührte Kraft der Bilder besiegelt, welche die Zeiten überdauern. In ihnen verdichtet sich ein übermächtiges Gefühl zu angespannter Ruhe. Erwartend schweigen die Gesten. Der Wille entbrennt an dem einzigen Verlangen: den Tod zu überwinden. Auf den „Scheintüren" der Gräber steht die fromme Formel ägyptischer Sehnsucht:

„Er werde begraben im schönen Alter,
Er werde geleitet von seinen Ka's zu den reinen Stätten.
Seine Hand werde von dem großen Gott ergriffen,
Er werde geleitet auf den herrlichen Wegen des Westens,
Auf denen die Seligen wandeln."

Das Sitzen und Knieen dieser Figuren ist heilige Handlung, Sammlung des Beters. Am inbrünstigsten, wo es gebunden und still erscheint: in den Figuren von Neapel und Leiden. Hier schließt innere Bewegung die plastischen Formen dicht zusammen. Durchdrungen und abgelöst stehen die spröden Bildwerke einer frühen Zeit.

Die Neapler Figur Tafel 2, ohne Inschrift und unbekannter Herkunft, ist sicher ägyptisch. Nur Notwendigstes an Form ist dem Block entmeißelt, um die gewollte Gestalt zu gewinnen. Die steingemäße Gesamtform beherrscht das Bild. Doch ist diese Gebundenheit nicht als architektonische unterstrichen. Erst die vierte Dynastie kennt das in Figur und Pfeilerhintergrund zerlegte Bild. Das dichte Volumen dieser Skulpturen architektonisch abzuleiten, ist metaphorischer Mißbrauch: Plastik ist eben entweder gebundene oder aufgeteilte Form.

Ein schwerer, eingefalteter Körper trägt die Last des nach vorn drängenden Kopfes; die Arme liegen ruhig. Die sparsamen Gesten sprechen ebenso eindeutig den plastischen wie den seelischen Inhalt des Bildes aus. Die Leere der ausgebreiteten Flächen ist so vieldeutig, daß der Künstler mit seinem Porträt zugleich den Typus, die Fiktion unserer Anschauung, auffangen konnte.

Der heutige Betrachter merkt im allgemeinen mehr auf Farbe und Bewegung der Dinge als auf ihren räumlichen Ausdruck. Weil eine Kunst, die leidenschaftlich bemüht war, die malerischen Werte vor allem zu betonen, sein Sehen bestimmt. Eine gesteigerte plastische Intensität widerstrebt ihm zunächst bei alter wie gegenwärtiger Kunst. Wir bedenken, wie lange man die Werke von Multscher oder Konrad Witz nur zeitlich einschätzte, Skulpturen wie die Neapler belächelte.

Gefahr besteht, daß eine zerrissene Zeit, die überrascht vor diesen Gebilden einer künstlerischen Welt steht, sich allzusehr an dies Fremde verliere. Es genügt jedoch nicht, die Vorzeichen umzukehren, das Entgegengesetzte zu bewundern, es imitieren zu wollen. Primitivität ist keine Methode der Kunst, sondern seelische Kraft; Zwang, das innere Chaos zu vergegenständlichen. Schmal ist die Ebene, auf der Kargheit Stil bedeutet: wo eine asketische Fantasie die strenge Form ersinnt. Diese Primitivität ist Natur und kann niemals erworben werden. Mit keiner Absicht läßt sich die Figur des Beters Tafel 4 und 5 erträumen, der von der Nähe Gottes erschüttert sich an die Brust schlägt.

Bei der Figur des Meten Tafel 6 und 7 ist die gleiche Gebärde zeremoniell geworden. Der Künstler zu Beginn der dritten Dynastie müht sich ängstlicher um das Porträt. Gleichzeitig berichten an den Wänden der im Berliner Museum zusammengefügten Kultkammer Hieroglyphenreihen das Leben Metens: „Ihm wurde der Besitz seines Vaters übergeben, des Richters und Schreibers Anubis-m-anch; er besaß weder Korn noch Hausrat, Leute oder Vieh. Er wurde oberster Schreiber der Vorratshäuser und Aufseher der Vorratshäuser." Er wurde Verwalter der Gaue des Deltas, Hoherpriester von Letopolis, Aufseher der Wüste und Oberjägermeister des Snofru. „Ihm wurde ein Haus verliehen, zweihundert Ellen lang und zweihundert Ellen breit, gemauert und ausgestattet, an einem schönen Garten. Darin wurde ein sehr großer See angelegt mit Feigen und Weinstöcken nach dem Erlaß des Königs. Sie erhielten ihre Namen nach dem Erlaß des Königs. Sehr viele Bäume und Weinstöcke wurden angewiesen, viel Wein wurde gewonnen."

Diese Figur ist gegliederter, ihre Teilformen sind gesondert. Dadurch unterscheiden sich die Ansichten erheblich. Jede ist Totaleindruck, doch im Kleinsten durchdacht. Selten wurden Gestalt und Sitz so vollständig aufeinander bezogen. Die Flächen des Sitzes sind besonders schön – im Verhältnis von 4 : 5 : 6 – abgemessen. Es lohnt, sich in die wechselnden Ansichten zu vertiefen, die das Naturbild immer neu umschreiben; den schönen Füllungen der Hieroglyphenfelder zu folgen, der herben Silhouettierung, zumal der Rückseite nachzugehen. Die Figur ist nicht ganz vom Religiösen erfüllt; Selbstbehauptung ist in ihrer Andacht. Durch eine schmale Maueröffnung drang der Geruch des täglichen Opfers zum Bilde Metens: der hundert Brote und hundert Krüge Bier, die aus dem Tempel der Königin-Mutter Hap-n-Maat auf ihn überschrieben waren, neben den Einkünften aus seinen Gutshöfen und Dörfern.

Wir bilden als erste Tafel die Statuette des Chasechem ab, des vorletzten Königs der zweiten Dynastie. Bei einer Arbeit aus dem vierten Jahrtausend könnte die elegante Glätte befremden, kennten wir nicht die Virtuosität der Künstler, die während der ersten Dynastien die wundervollen Steinvasen fertigten. Um den Sockel der Statuette läuft ein Figurenfries. Mühelos, in zarten Strichen, sind die verwickelten Stellungen fallender und gestürzter Männer skizziert, vielleicht „Nubier, die der König von Ober- und Unterägypten besiegte", oder „Rebellen des Nordlandes." Nach ihrer Unterwerfung wird ein Jahr seiner Regierung in den Annalen benannt; eine der erhaltenen Statuen Chasechems verzeichnet 47209, die andere 48205 Besiegte für die Nachwelt. Die geistreiche Graviertechnik wurde von den ägyptischen Künstlern, die das Skizzenhafte im Stein nicht liebten, kaum wieder verwendet. Wie denn die großen Experimente ihrer Kunst vor diese Zeit, in die Prähistorie und erste Dynastie fallen. Die Aufgaben der Gräberplastik um die Wende der zweiten und dritten Dynastie sind – zumal beim Motiv des Sitzenden – enger umschrieben. Originalität war sicherlich nicht gewollt, und doch ist jedes Werk neu, eine eigene Lösung.

Auf der Granitfigur des Knienden Tafel 3 sind die Namen der ersten drei Könige der zweiten Dynastie verzeichnet. Die Inschrift betont eine Beziehung zu dem Gotte Thot. Wohl ein Priester bestimmte für seine Statue die feierliche Haltung, nach dem Tode noch vor seinem Gott zu knien. Die Hände liegen still gesenkt; Die Augen sehen nicht die engen Wände des Serdab. Wir fühlen um diese Bilder die uralten Rhythmen der Auferstehungstexte, welche die Könige späterer Jahrhunderte auf die Wände ihrer Pyramiden schrieben. Vielleicht wurden damals die heiligen Strophen verbunden, die ihr Geheimnis oft unter unverständlichen Formeln verbergen. Die Gewalt ihres Schauens eignet nur den strengen Gebilden der frühen Kunst. Die Zeit, die sie uns überliefert hat, weitete die einstige Kultkapelle zum Palast des Ka und schrieb und zeichnete auf seine Wände in unermüdlichen Bilderreihen die Glückseligkeit der erlebten Tage.

Wir hören aus den Pyramidentexten, von den Wänden der Särge die Stimme der Vorzeit:

Furcht steigt herab.

Es räuchert der Horizont dem Horus von Hierakonpolis.

Es öffnet sich der Mund der Erde dem Erstandenen
Es spricht zu ihm Geb.

Die Götter kommen, sie beugen sich vor ihm
Die Geister dienen ihm wegen seines Ruhmes
Sie haben ihre Stöcke zerbrochen
Sie haben ihre Waffen zerbrochen.

Beuge Dein Haupt
Beuge Deine Arme, Ozean,
Die Kinder der Nut steigen zu dir hinab
Ihre Kränze sind auf ihren Häuptern
Ihre Kränze sind um ihre Hälse
Aus Jeb-Pflanzen geflochten. Sethe.

Ich erscheine als Horus, der golden aufsteigt
Am Saum des Horizontes.
Die Verklärten preisen mich
Die Verklärten jubeln mir zu
Die Menschen küssen die Erde vor mir.

Die Erde hat ihren Mund geöffnet
Geb hat seine Kinnbacken aufgetan.

Mein Tod hat mich verlassen
Ich lebe im Anblick von Re und Re-Atum. Roeder.

In den Statuetten dieser Zeit wurden die Typen der ägyptischen Monumentalkunst bestimmt.

IV.

Das frühe Alte Reich pflegte die Kunst der kleinsten Statuetten nicht. Die Riten der Auferstehungsreligion waren befestigt und förderten eine Grabarchitektur, in der alles auf Dauer berechnet war. Das Mittel dieser Kunst ist der Stein. Dasselbe Fühlen dringt in die Skulptur ein. Die Motive der Ka-Figuren sind sichtlich vom Religiösen bestimmt; und das Steingemäße beherrscht die Bildentstehung. Der Würfel dringt durch, Flächen werden gegen einander aufgerichtet. Die Kurven der prähistorischen Kunst verschwinden: Plastik wird Kunst der Formgegensätze. Das Kleine liegt einer solchen Kunst nicht.

Seit der fünften Dynastie wird man der lapidaren Plastik müde. Die Zeit will das Differenzierte und sucht den Anlaß dazu auf. Nun findet man ihn: Künstler beginnen das Porträt genauer zu umschreiben. Sie wahren in der Gestalt die Norm, geben aber in den Köpfen statt des abgelösten Typus den einzelnen Menschen. Das Holz lockt zum Durchbilden der Teilformen; es wird in größerem Maßstab verwendet; Holzskulpturen in dreiviertel Lebensgröße werden üblich.

Gleichzeitig führt man eine neue Gattung von Bildern in das Grab und in die Kunst ein: die Dienerstatuetten. Hier waren Vorgänge des Lebens zu übertragen. Manche Figur ist mißglückt, mehr Anekdote als Kunstgegenstand; in anderen ist das Einmalige, leicht Zersplitterte eines solchen Gestus bewältigt: Bewegung ist ruhendes Bild geworden, Symbol eines Daseins. Tafel 13, 18, 19, 20. Das Augenblicksbild der Handlung kann in eine so abgelöste Form zusammengedrängt werden, daß wir – unbekannt mit der Übereinkunft der Zeit – es nicht mehr deuten. So zweifeln genaue Kenner der ägyptischen Kunst, ob der Mann auf Tafel 19 sich beim Kochen gegen ein Feuer schütze oder die Totenklage rezitiere. Dies scheint mir kein Mangel sondern ein Vorzug des Künstlers, einem an sich unbedeutenden Vorgang das plastisch reiche Motiv abzugewinnen, mit einer ernsthaften Lösung über die billige Genreszene hinwegzukommen.

Das Ägypten des Mittleren Reiches hinterließ außer seiner unvergänglichen Statuenkunst eine Kleinplastik eigenen Stils.

Wir geben zwei Beispiele von Dienerfiguren, die man – wie im Alten Reich – dem Toten mitgab Tafel 40 und 41. Hier war neue Bilderfindung mit neuen Aufgaben für das Werkzeug des Holzschnitzers. In sparsame Flächen aufgeteilt, zeichnet der Körper seine herbe Kurve, verzweigt sich in den reinen Biegungen der Arme, die stützen und tragen. Den vollzogenen Ausgleich der Bewegung, der dem berühmten Kontrapost nicht nachgibt, betont die Silhouette. Die Künstler des Mittleren Reiches verstehen sich auf das Summarische, auf Zerlegen und Binden der gegliederten Form. Sie denken – gänzlich unprimitiv – eine Gestalt zur Säule, zur Ellipse zusammen, ohne ihr Lebendiges zu stören Tafel 28 und 42.

Das Uschebti Tafel 74, 75, 88, 118 war im Mittleren Reich meist das Abbild des Toten, in Mumiengestalt und eingesargt. Darauf eine Inschrift: „Osiris gewähre diesem Toten, im Jenseits hervorzukommen und die Sonne aufgehen zu sehen.“ Seit dem Neuen Reich ist „Uschebti“ die magische Figur im Sarge, die für den Toten antwortet, wenn der Gott ihn ruft: „O Uschebti! wenn ich gerufen werde, und wenn ich abgezählt werde, um allerlei Arbeit zu verrichten, die im Jenseits verrichtet wird; und werde abgezählt zu irgend einer Zeit, um die Felder wachsen zu lassen, um die Ufer zu bewässern, um den Sand des Ostens nach Westen zu fahren: hier bin ich! sagst du dann“. „Gehorche dem, der dich gemacht hat, gehorche nicht seinen Feinden“ „O Tetames, wandere und suche Tetanefer; gehe umher, wenn dein Sand dir gebracht wird.“ Weniger formelhaft unter Amenophis IV.: „Ein Opfer des Königs dem lebendigen Aton, der die Erde mit seiner Schönheit erleuchtet. Er gebe süßen Nordwind, langes Leben im herrlichen Westen, kühles Wasser, Wein, Milch und ein Opfer frischer Blüten dem Ka dieses Toten.“

Die Uschebtis, meist plastische Varianten einer Mumie – das Neue Reich kennt sie seltener als Abbilder von Lebenden – ersetzen die Dienerstatuetten. In ihnen wird die Mumie zur Kunstform. Die Sorge um den Leichnam, dessen Erhaltung die Fortdauer des Ka bedingte, durchzog Leben und Fantasie der Ägypter. Eine Fülle von Beziehungen und Vorstellungen sammelte sich für ihn in der Gestalt der Mumie und ihrer Nachbildung.

Herodot berichtet, die Kunst des Einbalsamierens könne auf dreierlei Arten geschehen: „Und eine Art, sagen sie, wäre die Kostbarste; deren Namen scheue ich mich hier zu nennen.“ Sie mag uns in einem Ritual überliefert sein, aus dem ich einzelne Stellen nach der Übertragung von Roeder mitteile.

Der Priester rezitiert: „Osiris empfange das Oel, den Festgeruch der deine Glieder schön macht. Empfange den Duft Chenem, damit du dich dem großen Sonnengott vereinigst. . . . Laß Salbe in die göttlichen Glieder eindringen. . . Zu dir kommt der Balsam aus Phönizien und das schöne Harz aus Byblos.

Zu dir kommt das Gold und das Silber, Lapislazuli und Malachit. Zu dir kommt Fayence, um dein Gesicht zu verklären, und Karneol, um dein Gehen zu stärken. Zu dir kommt das Gewand aus dem Tempel des Sobk. Es leitet deinen Weg im Himmelsozean, und es schmückt mit seiner Schönheit deine Glieder, so daß du wie Re bist, wenn er aufsteigt und niedersinkt, und hörst nicht auf in Ewigkeit. . . .“

Darnach vergolde seine Nägel an seinen Händen und Füßen, angefangen von seinen Fingern bis zu seinem Fußnagel, der in eine Leinenbinde aus dem Gewebe von Saïs gewickelt ist: „Osiris! Du gehst auf deinen Füßen zum Hause der Ewigkeit und erhebst deine Arme zur Stätte der Unendlichkeit. Das Gold verschönt dich und das Weißgold macht dich stark."

Die Mumienbinden waren genau vorgeschrieben und benannt: zwei Streifen an den Ohren hießen „Herrin der Vollendung", vier Stirnbinden „Aufleuchtende"; es gab die Binde des Thot und die Binde der „Sechmet, der Gewaltigen, der Geliebten des Ptah".

Salbe seinen Kopf mit Myrrhen. Lege einen goldenen Ring an seinen Finger und Gold in seine Faust. Auf die Binde der linken Hand werde ein Bild des Nilgottes gezeichnet. Sie ist das Kleid und das Gewand des Niles: „Osiris! der Nil kommt zu dir, der Große der Götter, um deine Opfer mit kühlem Wasser zu erfüllen. Er gibt dir das Wasser, das aus Elefantine kommt, den Nil, der aus den beiden Löchern kommt, den Himmelsozean, der aus den Bergen kommt, den Strudel, der aus der kühlen Flut kommt. Du trinkst von ihnen und sättigst dich an ihnen."

„Du fassest Nephthys mit deiner Rechten, um dein Herz am Anblick deiner Schwester zu erfreuen. Sie beweint dich in Busiris, und sie beklagt dich in Abydos. Sie betrauert und beklagt dich mit ihrer Schwester Isis."

„Du fassest Re mit deiner Rechten als das schöne Licht der Sonne am Tage und du packst den Mond in der Nacht. Du erscheinst am Tage als das schöne Licht der Sonne des Re, der über allen Ländern aufgeht. Du gehst des Nachts vom Hause des Net-Festes als der schöne Mond auf, um nach den Sonnenstrahlen Ruhe zu bringen."

„Osiris! das heilige Öl kommt zu dir, damit du gehest. Das Schwarzöl kommt zu dir, damit du im ganzen Lande hörest. Dein Gehen ist groß auf Erden und dein Schreiten gewaltig auf Erden."

„Du gehst auf einer Erde von Silber und einem Boden von Gold, du wirst bestattet an einem Abhang von Malachit."

Es gibt größere Uschebtis aus Kalkstein und die sehr schönen aus Alabaster, zuweilen mit farbigen Glasflüssen ausgelegt. Andere aus Serpentinstein und Granit. Ein Uschebti Ramses II. in Berlin ist aus Kupfer, leider zerbrochen und der goldenen Einlagen beraubt. Wir bilden zwei Holzarbeiten mit farbig eingelegten Inschriften ab; vor den reizvollsten Stücken, den farbig glasierten Fayencen, versagen Photographie und Druck. Man bewundere die schimmernde Skala ihrer blauen und grünen Glasuren, die der wechselnde Geschmack der Zeiten auswählte. Im Berliner Museum wird man Kostbarkeiten finden: Das weiße mit rotem Gesicht, das grünes Haar einrahmen sollte, und den roten Händen, oder: Gesicht, Arme und Füße schattieren violett gegen lichtes Weiß. Blaßblau, mit dunkelblauen Glasflüssen der Haare und graugetönten Hieroglyphen ist das Uschebti des Ka-em-weset. Ein anderes: weiß und lila, Gesicht und Hände in fahlem Grün.

Die seltsame und schöne Holzfigur Tafel 42, vielleicht ein frühes Uschebti, erwuchs gewiß aus der Vorstellungswelt der Särge und Mumien. Das Bild des Entef im weißen Gewand der Greise Tafel 26 erinnert von fern an eine Osirisfigur: Wenn der Gott vor seinem Pfeiler stehend, die Arme auf der Brust gekreuzt, die Decke seines Tempels zu tragen scheint. Der Sockel der Figuren wird in dieser Zeit häufig vergrößert. Er erweitert den plastischen Raum über das Figürliche hinaus und nimmt die Inschrift auf. Der Gegensatz: Gestalt und begrenzender Stein wird unterstrichen.

Tafel 27: In unedlem Material ein ergreifendes Fragment – die Totenklage. Auch sie war Ritus. Der erlebte Schmerz wird bewußt am Mythus stilisiert und gesteigert: Der Tote ist Gleichnis des Osiris. Die Klagen der Isis und Nephthys an seiner Leiche wurden „das Vorbild aller Totenklagen":

„Isis spricht:

Komm zu deinem Hause, komm zu deinem Hause, o Gott On,
Komm zu deinem Hause,
der du keine Feinde hast.
O schöner Jüngling, komm zu deinem Hause,
daß du mich sehest.
Ich bin deine Schwester, die du liebst; du sollst nicht von mir weichen
O schöner Knabe,
komm zu deinem Hause, sogleich, sogleich.
Ich sehe dich nicht
und doch bangt mein Herz nach dir
und meine Augen begehren dich
ich suche dich um dich zu sehen.
Komm zu der, die dich liebt, die dich liebt, Wennofre, du Seliger!
Komm zu deiner Schwester
komm zu deinem Weibe, zu deinem Weibe, du dessen Herz stillesteht
Komm zu deiner Hausfrau,

Ich bin deine Schwester von der gleichen Mutter,
du sollst nicht fern von mir sein.
Die Götter und die Menschen
haben ihr Gesicht zu dir gewandt und beweinen dich zusammen.
Ich rufe nach dir und weine, daß man es bis zum Himmel hört,
aber du hörst meine Stimme nicht
und ich bin doch deine Schwester, die du auf Erden liebtest
du liebtest keine außer mir, mein Bruder, mein Bruder.

Erman.

Nephthys spricht:

Guter Fürst, komm zu deinem Hause,
sei frohen Herzens, du hast keinen Feind.
Deine beiden Schwestern stehen neben dir, sie schützen deine Bahre,
sie rufen dir weinend zu:
Wende dich auf deiner Bahre,
daß du die Schönen sehest.
Rede mit uns Fürst, unser Herr:
Vernichte das Ungemach in unseren Herzen,
Die dir folgen unter den Göttern und Menschen, sie sehen dich,
wende ihnen dein Angesicht zu, o, Fürst, unser Herr.
Unsere Gesichter leben von deinem Anblick.

Isis spricht:

O Herr, kein Gott ist dir gleich,
Der Himmel hat deine Seele,
die Erde hat deine Gestalt,
die Unterwelt hat deine Geheimnisse.

Nephthys spricht:

Guter Fürst komm zu deinem Hause
Wennofer, du Seliger, komm;
Begattender Stier, komm nach Anep
Geliebter des Frauenhauses, komm in den Gau von Mendes,
die Stätte, welche deine Seele liebt.
O Gott On komm nach Saïs;
Saïs ist dein Name
komm nach dem Saïtischen Gau,
Daß du deine Mutter Neith sehest.
Schönes Kind, weiche nicht von ihr,
komm zu ihrem Busen, Überfluß ist in ihm.
Guter Bruder, weiche nicht von ihr.

O Sohn, komm nach Saïs.
Osiris Tarot, genannt Naïnaï,
geboren von der Persaïs,
komm nach Saïs, deiner Stadt,
Dein Stätte ist
Du ruhst neben deiner Mutter ewiglich,
sie schirmt deinen Leib.

„Wenn dieses rezitiert wird, so schmückt man die Stätte nicht sehr dazu, ungesehen, ungehört von irgend jemandem, außer dem obersten Vorlesepriester und dem Sem-Priester. Man bringt zwei Frauen mit schönem Leib und läßt sie auf der Erde niedersitzen in der ersten Tür der Halle. Auf ihren Schultern sollen die Namen von Isis und Nephthys geschrieben stehen. Zwei Weihwasserkrüge aus Fayence, mit Wasser gefüllt, werden ihnen in die rechte Hand gegeben und Brot, das in Memphis bereitet ist, in die linke. Und es werde ihnen aufgetragen, was zur dritten Stunde des Tages zu geschehen hat und was zur achten Stunde des Tages. Und laßt nicht ab, diese Schrift zu rezitieren zur Stunde des Festes!" Möller.

Neben dem Klagelied um den getöteten Gott hören wir die menschliche Stimme, die klagt:

„Ich bin deine Schwester Meryt-Re, du Großer, verlasse mich nicht. Du bist so schön, mein guter Vater. Was soll es, daß ich fern von dir bin? Nun gehe ich allein. Der du so gern mit mir sprachst, du schweigst und redest nicht." Erman.

Gefährtinnen des Toten Tafel 28, 29, 30: künstlich frisiert und nackt; ohne Füße, um nicht heimlich davon zu laufen. Frauenmotive der Vorzeit leben auf, vielleicht auch vergessene Bräuche. Wir wissen nicht: hat ein Wille sie hervorgerufen, oder trieben sie ungewollt an die Oberfläche, nach den Gesetzen der Metamorphose, „die das Leben der Bilder in unserer Seele durchwaltet."

Vielleicht knüpften die Ägypter schon damals bewußt an vergangene Perioden ihres Denkens und ihrer Kunst an. Sicher ist, daß sie Schriften der Vergangenheit mit fast religiöser Ehrfurcht betrachteten und gern vermerkten, wie ein solches Dokument aufgefunden war. „Dieser Spruch," heißt es im 148. Kapitel des Totenbuches, „wurde in Schmun gefunden auf einem Ziegel von oberägyptischer Fayence, beschrieben mit echtem Lapislazuli, unter den Füßen der Majestät dieses Gottes in der Zeit der Majestät des Königs Mykerinos, von dem Prinzen Hordedef, dem Seligen. Er fand ihn bei einer Revision der Tempel. Diese Angabe wurde mit in den Ziegel graviert. Er erbat ihn sich und brachte ihn dem König als große Kostbarkeit. Wenn er gesehen wird, das ist ein großes Geheimnis, das nicht erblickt, oder angeschaut werden darf."

Die Statuette Tafel 28 erinnert im Motiv auffällig an ein prähistorisches Elfenbein. Ihre Gestalt umzeichnet ein fast reines Oval, ohne die nötigen räumlichen Akzente zu verflachen. Die Gruppe Tafel 30 wiederholt den Gestus einer kleinen Gruppe der Vorzeit im Berliner Museum. Die alten Stücke sind jedoch extremer im Formalen. Im Mittleren Reich erzeugte eine ererbte Kultur des Sehens, die plastische Erfahrung vieler Generationen eine ausgeglichene Kunst: Daß die Hand des Künstlers selbst bei gewagter Umdeutung der Naturform das Lebendige nicht antaste.

Die frühe Kunst scheidet sich in gegensätzliche Richtungen. In der Elfenbeinfigur der Sammlung Mac-Gregor sind Persönliches und innere Regung abgezogen. Es bleibt die schwingende Ornamentik eines Frauenaktes und ein Gesicht einer Maske ähnlich. In dem Berliner Figürchen ist die Mutter, der lebendige, nährende Körper, mit ihrem Säugling wie ein erstes Mal gesehen und abgeformt. Im winzigen Elfenbein wurde Bewegung zusammengedrängt: das Zupacken der Frau, das rittlings umklammernde Kind. Das ist sehr aus dem Moment erfühlt, unmittelbar in das schöne Material hineingedacht, geschnitzt; das Elfenbein zur schimmernden Epidermis poliert. Wie ein erstarrter, künstlicher Reflex verhält sich die konische Statuette des Mittleren Reiches zu dem Urbild.

Vieles deutet auf bewegte innere Umschichtungen in dieser ägyptischen Zeit. So finden wir auch die Statuetten, die reichlicher als vorher in den Händen der Künstler entstehen, von sehr verschiedener Art.

Unter den antiken Völkern haben die Ägypter einen Typus des Menschlichen beseelt, der – gänzlich ägyptisch – doch in Gebärde und Fühlen die Menschen aller Zeiten anruft, Tafel 32 und 114: Der durch sich selbst aufgerichtete und verwandelte Mensch, der in stiller Gelassenheit auf das Künftige sieht, allzu großer Sorge um die unverläßlichen Dinge entfremdet. Irdisches und Ewiges gleichen sich in ihm aus, der – unvollkommen in einer unvollkommenen Welt – doch nicht würdelos vor Gott steht. Über einer vermessenen Mystik, dem Zwang ererbter Kulte und der Hilflosigkeit wüster Beschwörungen scheint eine hellere Religiosität aufzugehen, die das bestehende Leben annimmt und den Tod mit ruhigem Herzen weiß. Auch hier ergänzen sich Text und Bild.

Lied des Harfenspielers, aus dem Grabtempel des Königs Antef, in dem Papyrus Harris des Neuen Reiches überliefert.

Wohl ist diesem guten Fürsten!
Sein gutes Geschick ist erfüllt:
Die Leiber gehen vorüber, andere bleiben zurück,
seit der Zeit der Vorfahren.
Die Götter, die vordem waren,
die in ihren Pyramiden ruhen,
die Edlen und Verklärten,
die in ihren Pyramiden begraben sind,
die Paläste bauten: Ihre Stätte ist nicht mehr.
Was ist ihnen geschehen?
Ich hörte die Rede des Imhotep und Hardedef
deren Worte man überall redet:
„Was sind ihre Stätten?
Ihre Mauern sind zerfallen, ihre Stätten sind nicht mehr,
als wären sie nie gewesen."
Keiner kommt von dort, daß er sage, wie es um sie steht,
daß er sage, wessen sie bedürfen, daß er unser Herz beruhige;
bis ihr dem Orte naht, wohin sie gegangen sind.
Dein Herz sei fröhlich, damit das Herz vergesse,
daß man auch dich verklären wird.
Folge deinem Herzen, solange du lebst,
Lege Myrrhen auf dein Haupt,
kleide dich in feines Leinen,
gesalbt mit den echten Wundern der Gottesdinge.
Vermehre die Fröhlichkeit, laß dein Herz nicht sinken,
folge deinem Wunsche und dem, was dir gut ist,
Tue dein . . . . auf Erden, quäle dein Herz nicht,
Bis der Tag der Totenklage kommt.
Aber: „Der mit dem ruhenden Herzen (d. i. Osiris) hört ihr Schreien nicht
Und die Klage errettet Niemanden aus der Unterwelt."
Refrain „Feiere den Festtag, werde nicht müde an ihm.
Siehe, Niemand hat seine Habe mit sich genommen.
Siehe, nicht einer, der fortging, ist wiedergekehrt. Erman.

Aus dem Lied des Harfners beim Totenfeste des Neferhotep:

„Die Leiber gehen dahin seit der Zeit des Re
und Junge kommen an ihre Stelle.
Die Sonne zeigt sich am Morgen
und die Abendsonne geht im Westen unter.
Die Männer zeugen,
die Weiber empfangen,
und jede Nase atmet Luft.
Aber was sie zeugen,
am Morgen geht es schon dahin.
Feiere du den frohen Tag!
Bereite Salben und Wohlgerüche für deine Nase,
Kränze von Lotosblumen für die Glieder,
Für den Leib deiner Schwester, die in deinem Herzen wohnt,
die neben dir sitzt.
Laß vor dir singen und musizieren,
Wirf alle Sorgen hinter dich, gedenke an die Freude,
Bis der Tag kommt, an dem man zum Lande fährt, das das Schweigen liebt.

Erman.

Das ist die Fahrt im Totenschiff nach dem anderen Nilufer: „Wenn der Tag Ewigkeit geworden ist, sehen wir dich wieder, denn siehe du gehst in das Land, das die Menschen vermischet."

Die Holzstatuetten auf den Tafeln 33—37 halten die festgelegte Linie der ägyptischen Formgebung ein. Ihre ansprechenden Motive sind für die Zeit typisch; über Wert und Unwert entscheidet in dieser Miniaturkunst das reine Empfinden des Plastischen.

Befremdend reihen sich die Figuren aus Siut Tafel 38 und 39 an. Wieder ist im Gegensatz zu der eingewurzelten Kunst die extreme Form gewollt. Plastische Energie reißt das rein ägyptische Motiv aus der Anmut seiner Kurven — Tafel 17 — zu steiler Gebundenheit auf. Die Flächen sind heftiger gespannt; die Grundfigur des natürlichen Aktes, das Bleibende, ist in harter Nacktheit aufgeschlossen. Doch erscheint uns diese Kunst nicht primitiv, eher streng gezüchtet. Vielleicht rühren wir hier an Dinge, die bewegten, und gewollt verschüttet sind. Wir kennen das Greifen nach den stärksten Ausdrucksenergien des Räumlichen in den — vielleicht späten — afrikanischen Skulpturen unserer Museen. Kubismus ist in der Plastik der Negervölker ausgeprägteste Natur. Er muß dort immer bestanden haben als die afrikanische

Kunstweise. Es scheint auch in Ägypten verwandte Tendenzen gegeben zu haben abseits der Kunstweise, die das allgemeine Fühlen forderte, die der plastischen Gesinnung der Ägypter natürlich war. In den Frauen aus Siut ist immerhin viel Kompromiß. Die porträtierte Frau bleibt bestehen, wo die triebhafte Raumphantasie des Afrikaners die Naturform zerschlägt, sich in Bildern entladend – unerhört und zwingend – die aus einer bizarreren Schöpfung entsprungen sein könnten. Für uns erweisen Skulpturen dieses abweichenden Stils frühzeitig die ungewöhnliche Befähigung der Ägypter, widersprechende Gestaltungsweisen schöpferisch zu verschmelzen.

Solche geistigen Prozesse liegen einer Zeit fern, die mit Absicht und ausschließlich das Eigene will. Sie werden von ihr ein wenig verachtet und kaum richtig eingeschätzt. Unbefangener, würde man in manchen Schöpfungen des ptolemäischen Eklektizismus die Kunst sehen, die man ihm heute abspricht. Auch im vieldeutigen und sehr differenzierten Ausdruck ist Kunst. Das abgeschliffene, überempfindliche Instrument später Kulturen ist geeignet die verzweigtesten Beziehungen zu spiegeln, aus Eigenem zu verschmelzen. Dies zu würdigen, hieße unsere Auffassung von Originalität abändern, um die wir sehr besorgt sind.

Mit den Tafeln 43–48 beschließen wir die Abbildungen des Mittleren Reiches, die Blüte der Kleinbronzen. Sie sind in dieser Zeit selten. Wir fühlen ihre zart geschwungenen Flächen als neu gesehen, erlebt. Sparsam ist Gravierung genutzt, der kühlen Schönheit des Kupfers oder der Bronze nichts Fremdes hinzugefügt. Man verschließt sich noch den vielfarbigen Reizen, gibt sich dem Zauber dieser spröden Anmut.

V.

„Es geschah einst, daß seine Majestät in der großen Halle saß: Der König nämlich von Ober- und Unterägypten, Sohn des Re, Amoses – ihm sei Leben beschieden – und die Prinzessin, die sehr geliebte und sehr liebenswürdige Königstochter und Schwester eines Königs, Gemahlin des Gottes und große königliche Gattin Ahmes-Nefertere, die Lebende (die Tafeln 91 und 92 geben ihre später verfertigten Statuetten), war bei ihm.

Sie sprachen miteinander und dachten sich Spenden für die Abgeschiedenen aus: Wasser zu spenden, auf den Altären zu opfern, die Opfertische am Beginn der Jahreszeiten, an den Festen des Monatsanfangs und an vielen anderen Festen zu mehren. – Seine Schwester antwortete ihm und sprach: „Weshalb ward hieran gedacht? Warum ward dieses Wort gesprochen? Was befiel dein Herz? – Der König sprach zu ihr: Ich bin es, welcher der Mutter meiner Mutter und der Mutter meines Vaters gedenkt, der königlichen Gemahlin und Mutter eines Königs Teti-Sheri, der Seligen. Ihr Grab und ihre Kapelle stehen auf dem Boden von Theben und Abydos. Ich sprach dieses zu dir, denn ich will, daß ihr noch eine Pyramide und ein Tempel in Tazeser als große Stiftung meiner Majestät gemacht werde. Sein See werde angelegt, seine Bäume gepflanzt, seine Opfer bestimmt, seinen Leuten Land und Herden zugeteilt, Totenpriester und Zeremonienpriester für ihre Ämter; und jeder kenne seine Verpflichtung." Siehe seine Majestät sprach diese Worte, während sie ausgeführt wurden. Er tat es, weil er sie so sehr liebte, mehr als alles. Nie tat ein König das Gleiche für seine Mutter. Siehe, seine Majestät streckte seinen Arm aus und beugte seine Hand. Er sprach das Totengebet für sie."

Stele des Amosis aus Abydos. Breasted.

Die entzückende Statuette der Teti-Sheri im königlichen Kopfputz Tafel 51 könnte in der Zeit des Enkels, Amosis I. 1580–57, gearbeitet sein. Ein sehr junges Gesicht lächelt unter schweren Geierflügeln und goldenen Uräen hervor.

Es beginnt die Glanzzeit der ägyptischen Kleinplastik. Das Erlesene, Elegante und Feine wird als Kunst begehrt. Die Virtuosität einer beliebten Statuettenweise kommt auf. Der Wille des Zeitalters zum Triumphalen, der Architekturen übergroß hinstellt und Statuenreihen anordnet, die er nicht mehr zählt, möchte im Zierlichsten und Kleinen ausruhen.

Diese Kunst ist ein wenig feminin, Tafeln 71 und 72, Mädchenstatuetten sind ihre reizendsten Erfindungen. Sie zieren in Kairo und in den Museen Europas die Vitrinen. Die Tafeln 51–93 geben eine Auslese. Die meisten Figuren stammen aus Gräbern: Das Leben soll auf alle Fälle erhalten sein; ein Letztes bleibt: es auf den Toten übertragen.

Hier geschah es mit dem empfänglichen Auge für den Glanz eines überschleierten Aktes und kaum tastbarer Formen, die im Wechsel der Belichtung aufleben. Es vermischt sich die Schönheit des Akazienholzes mit der menschlichen und mit kostbarer Polychromie. Die anmutige Bewegtheit der Statuetten der frühen achtzehnten Dynastie kann sich in Tell-el-Amarna zum reizvoll barocken Liniengefüge steigern, Tafel 86 und 87: Einer Kunst kultiviertester Sinnlichkeit, die sich an beseelten Formen entzückt; die im Kunstwerk das Persönliche will. Leicht preziös geworden – in gewählter Überfeinerung fast unpersönlich – endet dieser Stil.

Auf der ersten Seite des Papyrus Harris, der das einstige Ägypten vor uns aufrichtet; auf einem Tonscherben in Kairo werden die Statuetten lebendig: Die „Schwester," d. i. die Geliebte, „schön von Angesicht, süß an Liebe," wie Hathor, die, „in deren Haaren Myrrhen sind und an deren Achseln frischer Weihrauch ist," mit dem „Kleid aus feinstem Königsleinen, das ihre Schönheit zeigt, wenn es vom Wasser benetzt ist". Das Mädchen mit dem prächtigen Ohrgehänge, das sich einen Vogel in ihrer Falle gefangen hat. Die Naï – „ihr Bruder Ptah-Naï ist es, der ihren Namen fortleben läßt" – Tuï und Nefert-ma-u; Henet-taui und die anderen. Der Wohllaut ihrer Namen, die wir auszusprechen versuchen, verklang in den ägyptischen Konsonanten. Ohne den Ton der Vokale, die diese Schrift nicht bezeichnet, verlor sich auch der Rhythmus der Sprache. Lautlosen Wortbildern entsiegelte François Champollion das Erlebnis einer Welt, die lange blühte, sich erneuerte und wirkte, und noch einmal durch die Macht ihres Geistes bezwingt.

Aus den Liebesliedern des Papyrus Harris:

Ich fahre das Mechent-Gewässer hinab . . .
mit meinem Rohrbündel auf meiner Schulter.
Ich will (heim) nach Memphis.
Ich will zu Ptah, dem Herrrn der Wahrheit sagen:
Gib mir die Schwester in dieser Nacht!
Die Flut, die ist wie Wein,
Ptah ist ihr Rohr,
Sechmet ist ihr
. . ist ihre Knospe,
Nefertem ist ihr Lotus . . .
So tagt es durch ihre Schönheit:
Memphis ist eine Schale mit Liebesäpfeln,
vor (Ptah) den Schöngesichtigen gelegt.

Ich will mich niederlegen,
ich werde krank sein (durch Unrecht).
Meine Nachbarn werden hereinkommen mich zu sehen.
Kommt die Schwester mit ihnen zu mir,
So wird sie die Ärzte zuschanden machen,
denn sie kennt meine Krankheit.

Das Schloß meiner Schwester:
ihr Tor liegt mitten in ihrem Hause
ihre Türflügel stehen offen

Meine Schwester kommt zornig heraus:
Ach wäre ich der Türhüter,
daß sie mich schilt;
dann hörte ich ihre Stimme, wenn sie zornig ist,
ein Knabe, der vor ihr erschrickt.

Ich fahre das „Königswasser" hinab,
und erreiche das Gewässer Pen-pa-re.
Ich möchte (nach Heliopolis) gehen,
auf dem Gewässer des Re-n-mertju.
Ich beginne zu laufen
Mein Herz denkt des Re.
So werde ich meinen Bruder kommen sehen
Stehend mit dir am Re-n-mertju-Wasser,
du . . . mein Herz nach Heliopolis,
Ich kehre mit dir um zu den Bäumen des Perut-a.
Ich nehme die Bäume des Perut-a
in meinen Fächer.
Ich werde sehen, was er tut.
Mein Gesicht liegt auf dem
Meine Arme sind voll von Sykomoren
Mein Haar beugt sich von Salbe,
Ich bin wie eine der Herrn beider Länder.

Anfang der „Erfreuenden Lieder. Die Schönheit deiner geliebten Schwester, die vom Felde kommt":

Mein geliebter Bruder,
mein Herz steht nach deiner Liebe.
Ich sage zu dir: sieh, was ich tue,
Ich bin gekommen und stelle die Falle auf,
Meine Falle ist in meiner Hand,
und meine . und meine
Alle Vögel Arabiens, die flattern über Ägypten,
mit Myrrhen gesalbt.
Der als erster kommt, den nimmt mein Wurm.
Er bringt den Duft aus Arabien mit,
seine Krallen sind mit Salbe gefüllt.
Mein Herz steht nach dir,
daß wir zusammen (die Falle) öffnen,
ich mit dir allein.

Daß ich dich den Klagelaut hören lasse
meines Myrrhengesalbten.
Wie schön ist es, wenn du mit mir dort bist,
wenn ich die Falle stelle.
Du Schöner, der zum Felde geht,
zu dem, der ihn liebt.

Die Stimme der (Wild)gans schreit,
die ihren Wurm gefaßt hat.
Deine Liebe treibt mich zurück
ich kann (die Falle) nicht loslösen.
Ich werde meine Netze abnehmen.
Was soll ich meiner Mutter (sagen)?
Täglich komme ich zu ihr
mit Vögeln beladen,
Heute habe ich keine Falle gestellt
deine Liebe hat mich fortgerissen.

Die Gans fliegt und läßt sich nieder,
wenn sie die Scheune ge   hat.
Die vielen Vögel gehen umher, und ich
mit meiner Liebe allein.
Mein Herz kommt deinem Herzen gleich,
ich entferne mich nicht von deiner Schönheit.

Du Schöner, mein Wunsch ist, dich   als deine Hausfrau,
daß dein Arm auf meinem Arme liege.
Die Liebe zu dir
Ich sage zu dem Herzen in diesem Leibe   .
(Ist nicht) mein älterer Bruder heute Nacht bei mir,
so bin ich wie ein Begrabener.
Denn bist du nicht Gesundheit und Leben
für mein Herz, das dich sucht?

Die Stimme der Schwalbe redet.
Sie sagt: „es wird Tag, wo ist mein Weg?"
Nicht doch, du Vogel, du   mich.
Ich fand meinen Bruder in seinem Bett;
mein Herz ist froh
Er sagt zu mir: „Ich will nicht fern sein,
Meine Hand liegt in deiner,
wenn ich umhergehe, und du mit mir bist an jedem schönen Ort."

Er macht mich zum Ersten der Mädchen,
er kränkt mein Herz nicht.

Mein Herz dachte an deine Liebe,
So ist die Hälfte meiner Schläfe erst geflochten,
wenn ich eilends dich zu suchen komme,

Ich ziehe meine Flechten an,
daß ich fertig sei zu jeder Zeit.

Erstes der „Fröhlichen Lieder":

Mechmechet – Blumen!
Du erfreust(?) das Herz.
Ich tue dir, was es wünscht,
wenn ich in deinen Armen bin
Dich zu sehen ist Licht für meine Augen.
Ich schmiege mich an dich, weil ich deine Liebe sehe.
Du Großer meines Herzens.
Sehr schön ist meine Stunde,
mir eine Stunde als Ewigkeit,
Seit ich mit dir schlafe.
(du) hast mein Herz erhoben
da es in (Nacht) war.

Sam-Bäume sind in dem Garten!
Ich bin deine erste Schwester.
Ich bin dir das Stück Land,
das ich mit Blumen bepflanzte
und mit allen wohlriechenden Kräutern.
Angenehm ist sein Teich, den deine Hand darin grub,
bei der Kühle des Nordwindes,
Der schöne Ort, an dem wir umhergehen,
wenn Deine Hand auf meiner liegt.
Mein Herz ist mit Freude gesättigt,
weil wir zusammen gehen.
Most ist es für mich, deine Stimme zu hören.
ich lebe, weil ich sie höre,
So oft ich dich sehe,
ist es mir besser als essen und trinken.

Zejet-Blumen sind in (dem Garten)!
Ich nehme deine Kränze fort,
wenn du trunken gekommen bist

Liebeslieder in Kairo:

Mein Gott ist mein
Angenehm ist es zum (Wasser) zu kommen,
um mich vor dir zu baden.
Ich zeige dir meine Schönheit
in meinem Kleid von feinstem Königsleinen,
wenn es benetzt ist .
Ich steige mit dir ins Wasser hinab,
ich komme zu dir heraus mit einem roten Fisch
der herrlich auf meinen Fingern liegt.
Komm, daß du mich sehest!

Die Liebe meiner Schwester steht auf jener Seite,
ein Fluß ist zwischen (uns) .
Ein Krokodil liegt auf der Sandbank (?)
Ich steige in das Wasser,
Ich betrete die Flut
Mein Herz ist mutig im Wasser . .
Das Wasser ist Land für meine Füße.
Ihre Liebe ists, die mich stark macht,
sie macht mir einen Wasserzauber,
Ich sehe meine Schwester kommt, mein Herz jubelt
Meine Arme öffnen sich, sie zu umarmen.
Mein Herz ist froh auf seiner Stelle
wie ewiglich
wenn meine Herrin zu mir kommt.
Ich umarme sie und ihre Arme öffnen sich,
Ich bin wie Einer der in Arabien weilt,
wie ist Salböl,
Ich küsse sie und ihre Lippen sind geöffnet,
Ohne Bier bin ich fröhlich
Ich sage dir: Lege Byssus um ihre Glieder
bereite ihr Lager aus Königsleinen,
hüte dich vor Linnen.
Schmücke (ihr Bett),
benetzt mit Wohlgeruch.

Ach wäre ich ihre Negerin, die sie begleitet,
So sähe ich die Farbe aller ihrer Glieder.
Ach wäre ich der Wäscher
(ich) wüsche die Öle, die in ihrem sind
Ach wäre ich ihr Siegelring, der

Wir finden die zart erblühende Schönheit des ägyptischen Mädchenkörpers auf den Salbengefäßen des neuen Reiches wieder. Nackt, in stilisierten Dickichten, Papyrus- und Lotusblüten pflückend, Laute spielend. Eine reizende Schwimmerin; Dienerin, die sich unter der Last kostbaren Kruges beugt, oder mit spitzigen Händen auf ornamentalem Papyrusbüschel die silberüberzogene Bronzeplatte trägt, den Spiegel „ein Geschöpf des Ptah, um deine Schönheit darin anzuschauen."

Die Natur gab Ägypten das makellose Vorbild einer weiblichen Schönheit, die – wenn man Plutarch glauben darf – von den Menschen bewußt gesteigert wurde. „Sie suchen die Seelen mit leichten schlanken Körpern zu umkleiden, damit nicht das Göttliche durch Vorwalten des Irdischen bedrängt und herabgewürdigt werde." Wir wollen den Wunderdingen ägyptischer Kunstfertigkeit durch allzunahes Betasten nicht weiter wehetun. Sie sind aus vielen ihresgleichen aufgegriffen. Die angefügten Tafeln 126 bis 158 schienen uns in den Statuettenband hineinzugehören.

Der Ägypter liebte es und verstand – die genausten Gegensätze, natürliche und geometrische Form, gegen einander ausspielend – entzückende Gebilde zu vermischen. Die zart wie heftig bewegte menschliche und Tiergestalt geht ihm am geschmückten Gerät in die ruhende Figur eines Ornamentes ein. Wie das Falten- und Haargeriesel der Statuetten des Neuen Reiches ein wenig ornamental erstarrt. Die Kunst um Amenophis IV. weicht auch hier ab. Die kleine Dienerin aus grüner Fayence mit rötlichem Haar vom Toilettentisch der Königin Teje und der Bes Tafel 132 sind nicht Ornament, eher plastische Skizze. Flüchtige Geste und Zweckform eines Gerätes sind gleichbedeutend.

Schon die ägyptischen Verzierungskünstler der Vorzeit spielen gern mit der bewegten Figur auf die technische Funktion der geschmückten Form an. Das Ende eines Löffelgriffes verbeißt sich als Tierkopf in die Kelle. Kämpfende Tiere runden ein Gefäß Tafel 147. Oder: das ganze Gerät mit Papyrussumpf, Nachen und Dienerin Tafel 128, 138 bis 144; asiatischen und nubischen Tributträgern Tafel 135 bis 137 und 140 wird zur entzückenden Legende. Also Litteratur und Allegorie im Kunstgewerbe. Allerdings nicht die abgestandenen Gleichnisse einer wesensfremden Vergangenheit; diese Allegorien aus Fantasiearmut, die bis vor kurzem Europa von der Hausfassade bis zum Salzfaß überzogen.

Das anmutige Bild der Lotusknospe Tafel 150 war jeden Morgen neu im Teich erblüht. Die Hände, die es formten, gehörten nicht naiven Naturalisten; sie übertrugen nicht Beobachtetes. Sie beseelten Formen mit den Bildern ihrer inneren Welt – dem „versammelt heimlichen Schatz des Herzens, der offenbar wird durch das Werk und die neue Kreatur, die einer in seinem Herzen schöpft – in der Gestalt eines Dinges."

Auch in der ägyptischen Dekoration waltet der Mythus. Die gelbe Bronzescheibe des Spiegels Tafel 129 schwebt über dem Kopf der Liebesgöttin Hathor. Ihre Maske Tafel 158 gibt dem Sistrumgriff feierliche Beziehung: „Ich spiele das Sistrum deinem schönen Antlitz und das Gold deinem Angesicht, damit du meine Augen morgen dich sehen lassest!" Die Löwinnen am Thron des Chefren mochten an Sechmet gemahnen: „sie schütze den Pharao täglich. Wie schön ist es, gnädig zu sein. Sechmet, wenn du kommst, wüte nicht gegen uns Deines schönes Antlitz sei dem Pharao gnädig." Nicht der beliebig Gefesselte stützt oder trägt, nur der Feind Tafel 151. Die Fayencen des gefesselten Nubiers und Asiaten Tafel 156 schmückten vielleicht die Türen des Palastes Medinet Habu. Aus den blaßrosa, grünen und hellgelben Tönen, dem gelblich und roten Braun, Grau und Violett ihrer herrlichen Glasuren strahlt uns der Glanz eines Hofes, der über Abgaben verfügte, wie sie die Liste im Papyrus Anastasi aufzählt: „Silberne und goldene Gefäße und Schalen, unter dem (Palast)fenster aufgestellt. Kerek-Sklaven, die jungen, bestimmt seine Majestät zu bedienen, gebadet, gesalbt und in Kleider gekleidet, wenn sie unter dem Fenster gehen

Kanaan-Sklaven aus Palästina, schöne Jünglinge. Schöne Neger aus Äthiopien, bestimmt den Wedel zu tragen, mit weißen Sandalen beschuht und in Kleidern mit ihren in ihren Händen.

Schöne aus Emor, deren Stäbe aus Meri-Holz sind mit eingelegter Arbeit aus Kedi. Ihre Spitzen sind aus rotem Leinen." Erman.

Fügen wir nach einem Musterbrief (aus dem Papyrus der Berliner Museen) wie Schüler ihn damals als Vorlage benutzten, die Kostbarkeiten hinzu, die Nubien lieferte: „Gazellen Antilopen Steinböcke und Strauße. Viele Kinder (mit Gold) das zu Gefäßen verarbeitet ist, mit Weißgold nach der Zahl, mit feinem Gold der Wüste in einem Sack aus rosa Leinen; mit Elfenbein Ebenholz und Straußenfedern; mit Früchten . Alabaster, der Pantherfellen gleicht; rotem Jaspis Amethyst Krystall; Löwen Meerkatzen Pavianen

Lange Äthiopier in Kleidern mit langgefiederten Fächern aus Gold und gewöhnliche Neger in jeder Anzahl, vorgeführt unter dem Fenster des Königs." „Und die Fürsten stehen zu beiden Seiten vor seiner Majestät mit den Fürsten und Gesandten aller Länder. Sie stehen starr und sehen die Gaben;" so lesen wir die Zierfauna der Geräte Tafel 146 147 154 155 und die auserwählten Stoffe, die ägyptische Kunstfertigkeit veredelte.

Ein mythologisches Thema der Spiegel und Salbenlöffel blieb unerwähnt – der Gott Bes Tafel 130 131 132 142 156. Die Ägypter empfanden von jeher lebhaft die bizarre Form verkrüppelter Zwerge. Wir kennen ihre Grabsteine und Statuetten aus prähistorischen Gräbern; ihre Darstellung auf bemalten Tonvasen und Rollsiegeln sehr alter Zeit. Dieses Empfinden des Sonderlich-Abnormen, das leicht komisch erschien, jedoch sich in Grauen verkehren konnte, verdichtete sich früh zu dem Kult eines Dämon Bes „des Zwerges der Tänze des Gottes, der das Herz des Gottes vor seinem großen Thron erfreut." Im Neuen Reich finden wir den seltsamen Gott volkstümlich, ein Rufname für Kinder und Figur an Geräten. Den geläuterten Geschmack mußte die Erfindung entzücken: Keine Lebensform wäre dem Ornamentalen verwandter als die starr Mimische – die Maske, die ein Äußerstes an Bewegung versteift. Eine groteske Welt ist stilisiert, in der das Verzerrte sich als Norm gibt. Wir können die Meinung nicht teilen, die in der Bes-Maske eine amüsante Spielerei feststellt. Wir sehen vielmehr hinter der – für Ägypten – fremdartig starren Form das gewaltsam Bezwungene und tötlich Drohende. Sie trägt die Spur eines Daseins, das vernichtet sein mußte, wenn ein Volk leben will. Wir wissen nicht, was den äthiopischen Beherrscher Ägyptens Taharka 688–663 bewog, einen Bes-Tempel zu errichten. Er steht in Napata neben dem Heiligtum der Hathor, mit welchem Bes in der Legende verbunden ist. „Inmitten des Säulenhofes steht eine Pfeilerreihe, davor riesige Bes-Figuren mit ihren monströsen Grimassen. Ihre Hände ruhen an den Schenkeln, den Kopf krönen Lotusblumen und Federn. Ihre bizarren Silhouetten, die sich im Schatten kaum abzeichnen, schienen einst Unbefugten den Eintritt in das Allerheiligste zu wehren". Die mythische Figur des Bes überdauert in seltsamer Umdeutung die Zeit der ägyptischen Götter. Ihre Tempelruinen „suchte ein böser Dämon heim, den man Bes nannte. Viele sahen ihn, wie er im Tempel herumsprang und allerlei Gestalten annahm. Und manchmal kam er heraus und schlug nach den Vorübergehenden, und die wurden blind oder lahm, taub oder stumm. Aber der heilige Moses wußte ihn zu beschwören. So waren die Götter des alten Glaubens die Gespenster der neuen geworden." Erman.

Harmloser erscheint uns die andere Form des zwerghaften, dem Menschen gütigen Idols, die der Ägypter anrief: die Patäken, Tafel 117. Es sind die verkrüppelten Kinder des Gottes Ptah, deren Bilder Kambyses in ihrer Kapelle in Memphis verspottet und verbrannt hatte. „Es ist mir durchaus offenbar," schreibt Herodot, „daß Kambyses ganz rasend war. Sonst hätte er ja nicht mit dem Heiligen und mit Gebräuchen seinen Spott getrieben. Denn stellte man allen Völkern frei, sie sollten sich aus allen Sitten und Gebräuchen die besten aussuchen, so würden sie alle nach genauer Untersuchung ein jeder die seinigen wählen. So glaubt jeder, daß seine Weise bei weitem die beste sei. Das ist einmal so, und Pindaros scheint mir mit Recht zu sagen: die Sitte sei aller Menschen König."

Wir sehen die ägyptische Bildkraft seit dem Ende der neunzehnten Dynastie ermüden. Sie erlebt das Wunder einer Erneuerung in der Zeit der äthiopischen Beherrscher Ägyptens. Die Kunst dieser Zeit wird einstweilen unterschätzt. Ein Neues bricht hervor, ergreift das Sehen und plastische Fühlen. Wiedergeborene Primitivität durchblutet die verblaßten Überlieferungen, läßt die Erinnerung an uraltes Formempfinden wieder aufleben, bewahrt einen Teil der ägyptischen Ateliers vor der glänzenden Leere des saïtischen Archaïsmus. Werke rein ägyptischer Kunst, wie der Kopf des Mentemhet, müssen den Anstoß einer Bewegung erzeugt haben, die – vieles niederreißend, Asiatisches und Hellenisches sich verschmelzend – die überfeinerte Kunst des pharaonischen Ägyptens von Grund aus umbildet. Bis auf dem ägyptischen Boden das weltgeschichtlich Neue steht – die koptische Kunst.

Wer diese verwickelten Kunstvorgänge im späten Ägypten aufzuklären sucht, muß hier einsetzen. Diesen fesselnden Ereignissen nachzugehen, ist nicht Aufgabe des Buches. Die Tafeln 98–112 mögen sie andeuten.

Tafel 119–125: Götterbronzen und heilige Tiere – im Überfluß verfertigt – sind die Kleinplastik des saïtischen und hellenistischen Ägyptens.

Frühzeit — **König Chasechem** — *Kairo*

Grüner Schiefer, h. 55 cm
(v. Bissing-Bruckmann Tafel 3a)

Frühzeit

Grabfigur

Neapel

Graubunter Granit, h. 44 cm
(v. Bissing-Bruckmann Tafel 3)

Frühzeit — *Statuette eines Beamten der 2. Dynastie* — Kairo

Rotbunter Granit, h. 39 cm

(Borchardt Statuenkatalog)

Frühzeit

Grabfigur eines Beamten

Leiden

Schwarzer Granit, h. 62 cm

(Boeser-Holverda Tafel 3)

Frühzeit **Grabfigur eines Beamten** *Leiden*

Schwarzer Granit, h. 62 cm
(Boeser-Holverda Tafel 3)

Altes Reich *Oberjägermeister Meten* *Berlin*

Roter Granit, h. 47 cm

Altes Reich — *Oberjägermeister Meten* — *Berlin*

Roter Granit, h. 47 cm

Altes Reich — *König Chefren oder Menkaure* — *Leipzig Universität*

Diorit, h. 16,5 cm

Altes Reich — **Kalksteinstatuette** — *Earl of Carnarvon Newbury b. London*

Bemalt, h. 25 cm. — Der Rückenpfeiler modern
(Journal of Eg. Archaeology 1917)

Altes Reich *Alabasterstatuette* *London*

h. ca. 45 cm

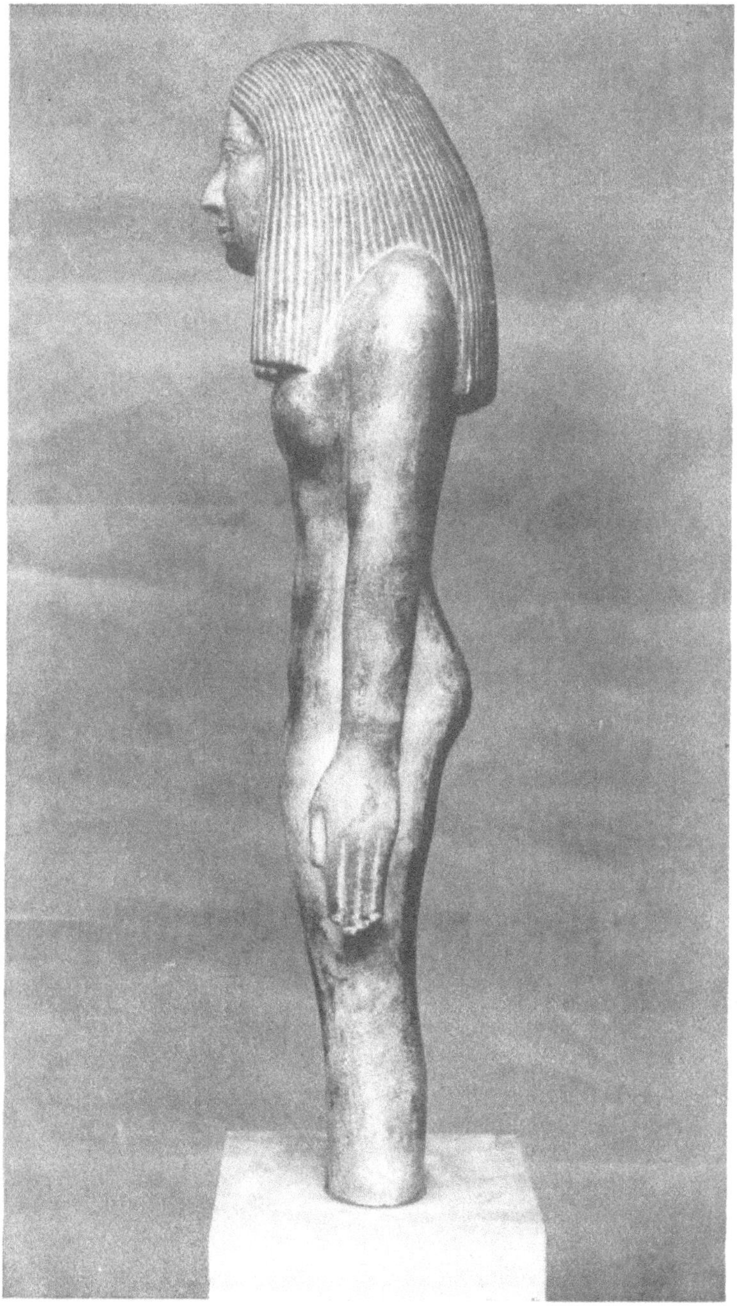

Altes Reich *Alabasterstatuette* *London*

h. ca. 45 cm

Altes Reich — *Aus dem Grab der Nefret-Jebet* — *Sammlung Sambon*

Kalkstein, h. 30 cm

Altes Reich *Schreiber Ptah-shepses* *Kairo*

Kalkstein, h. 42 cm

(Borchardt Statuenkatalog)

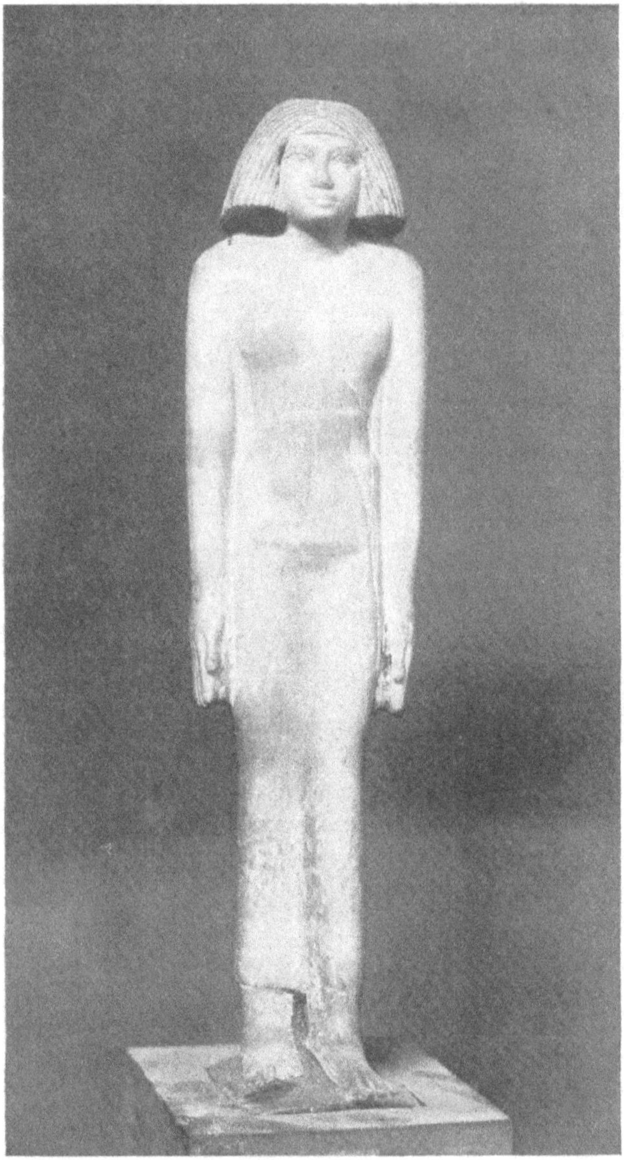

Altes Reich **Alabasterstatuette** *Kairo*

h. 50 cm

(Borchardt Statuenkatalog)

Altes Reich — Kalksteingruppe — Kairo

h. 48 cm

(Borchardt Statuenkatalog)

Altes Reich | *Anzj-Nefer mit seiner Frau* | *Kairo*

Kalkstein, h. 45 cm
(Borchardt Statuenkatalog)

Altes Reich **Holzstatuette** *Kairo*

h. 36 cm
(Borchardt Statuenkatalog)

Altes Reich **Schiffer** *Kairo*

Holz, h. 36 cm
(Borchardt Statuenkatalag)

Altes Reich **Dienerfigur** *Kairo*

Kalkstein, h. 39 cm

(Borchardt Statuenkatalog)

Altes Reich — *Kornmahlende Frau* — Berlin

Kalkstein, h. 41 cm

Mittleres Reich **Stadtfürst Tetu** *Berlin*

Schwarzer Granit, h. 27 cm

Mittleres Reich

König der 12. Dynastie

Obsidian, h. 12,5 cm

(Journal of Eg. Archaeology 1917)

Sammlung Oscar Raphael

Mittleres Reich

König der 12. Dynastie

Obsidian, h. 12,5 cm

(Journal of Eg. Archaeology 1917)

Sammlung
Oscar Raphael

Mittleres Reich **Granitstatuette** *Berlin*

h. 31 cm

Mittleres Reich **Granitstatuette** *Berlin*

h. 31 cm

Mittleres Reich — **Entef** — *Berlin*

Kalkstein, h. 37 cm

Mittleres Reich | *Klagende Frau* | *Berlin*

Gebrannter Ton, h. 19 cm

Mittleres Reich — *Gefährtin des Toten* — *Berlin*

Kalkstein, h. 14,2 cm

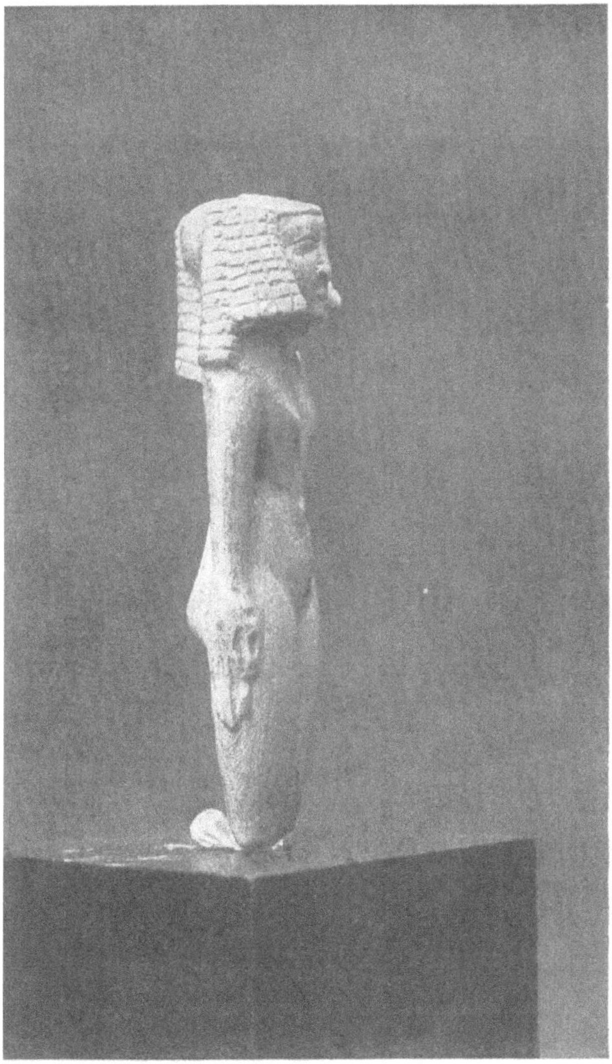

Mittleres Reich — **Gefährtin des Toten** — *Berlin*

Kalkstein, h. 9,5 cm

Gefährtin des Toten mit ihrem Kind

Mittleres Reich — *Berlin*

Kalkstein, h. 12 cm

Mittleres Reich — ***Tänzerin*** — *Berlin*

Kalkstein, 11 cm lang

31

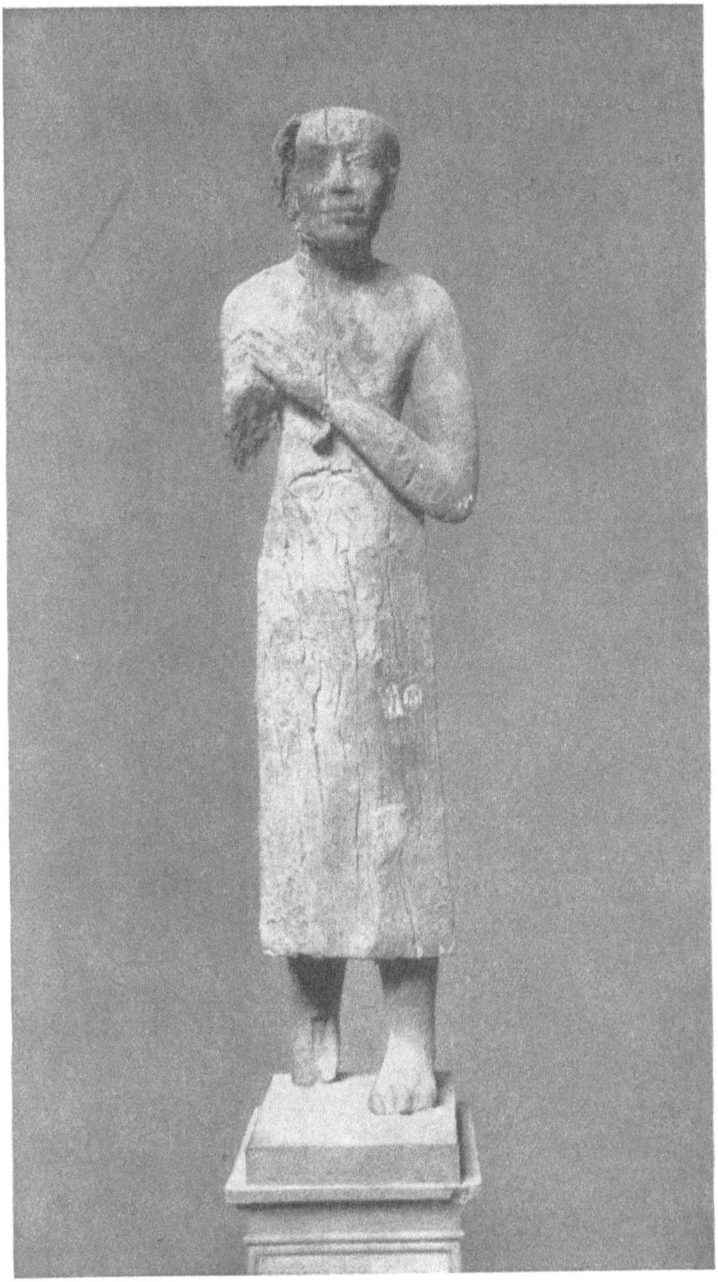

Mittleres Reich | Holzstatuette | *Bologna*

Mittleres Reich — **Holzstatuette** — *Sammlung Myers Eton College*

h. ca. 9 cm

(Capart L'art égyptien)

Mittleres Reich — **Gütervorsteher Mentuhotep** — Berlin

Braunes und helles Holz, h. 19,5 cm

Mittleres Reich

Gütervorsteher Mentuhotep

Berlin

Holz, h. 19,5 cm

35

Mittleres Reich — *In-m-Achwet* — Berlin

Holz, h. 18 cm

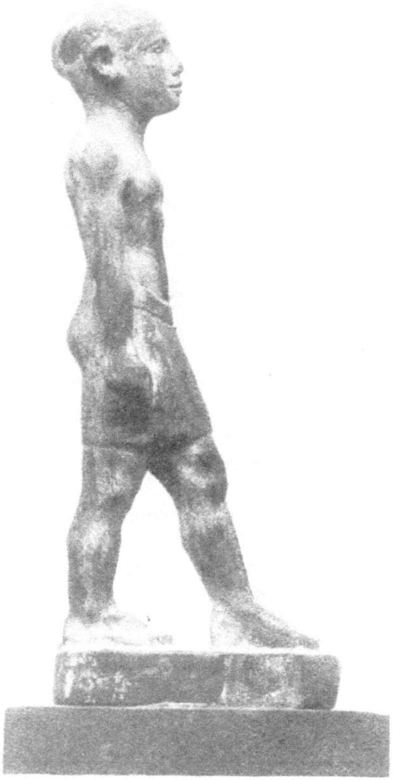

Mittleres Reich

Holzstatuette

h. 10 cm

Berlin

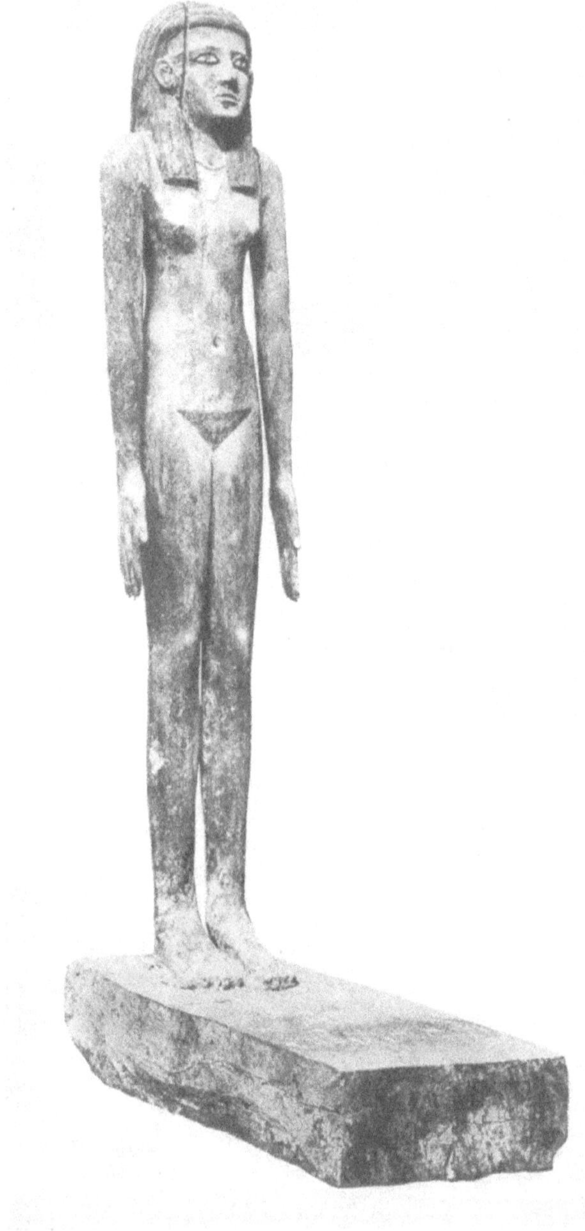

Mittleres Reich *Frau Hennu* *Kairo*

Aus dem Grabe des Flottenaufsehers Necht in Siut

Holz, h. 66 cm

(Mémoires du Caire 24)

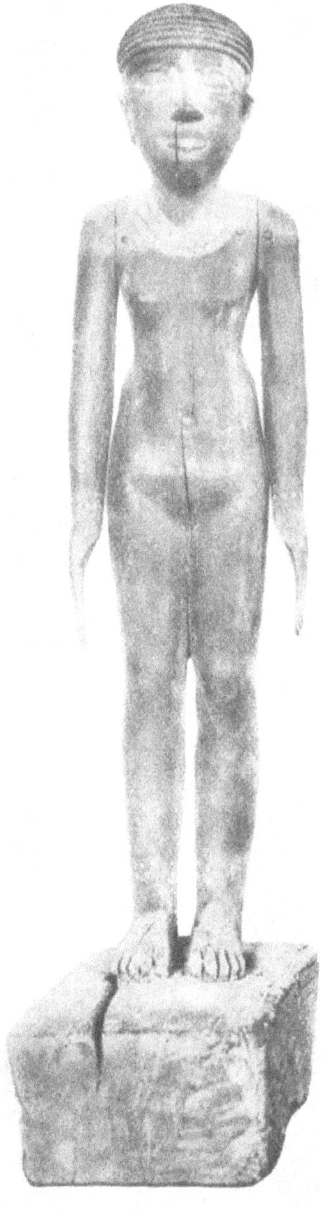

Mittleres Reich *Kairo*

Statuette aus einem Grabe in Siut

Holz, h. 53 cm

(Mémoires du Caire 24)

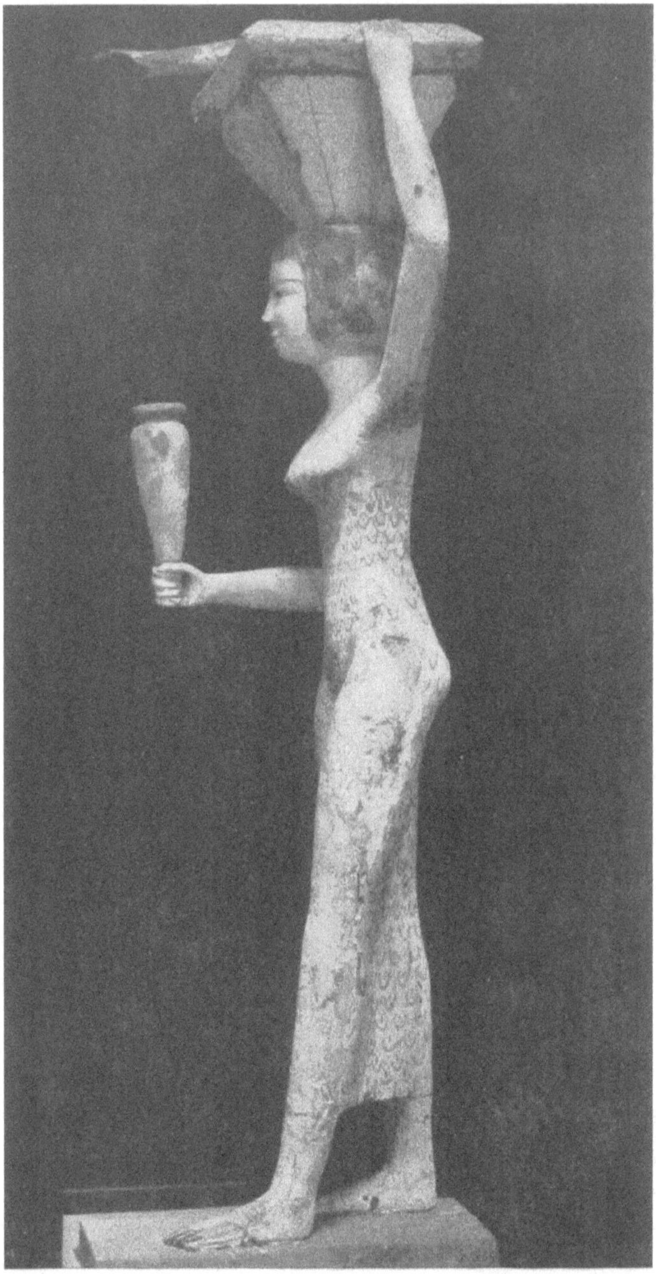

Mittleres Reich — **Dienerin** — Paris

Holz

Mittleres Reich — **Dienerin** — *Kairo*

Aus dem Grabe des Necht in Siut

Holz mit Stuck überzogen, h. 65 cm

(Mémoires du Caire 24)

Mittleres Reich | *Uschebti* | Berlin

Holz, h. 22 cm

Mittleres Reich — **Bronzestatuette** — Berlin

h. 14,8 cm

Mittleres Reich **Bronzestatuette** *Berlin*

h. 14,8 cm

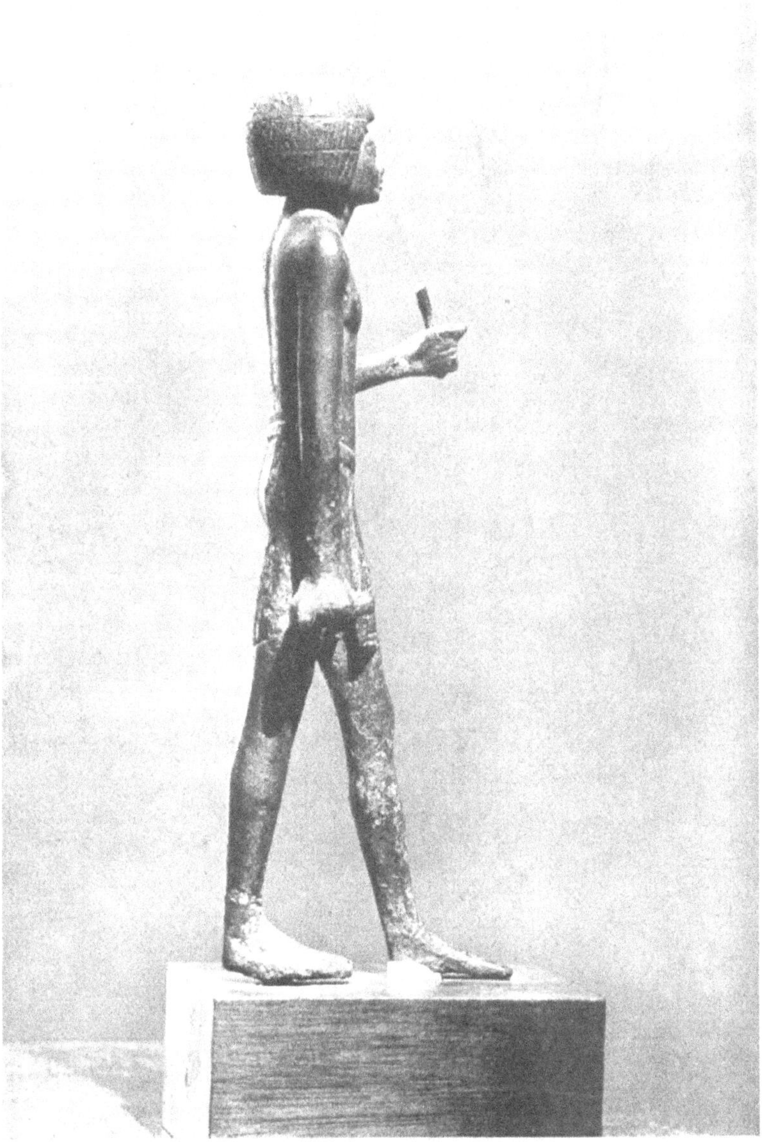

Mittleres Reich *Bronzestatuette* *Berlin*

h. 14,8 cm

Mittleres Reich **Bronzestatuette** *Berlin*

h. 14 cm

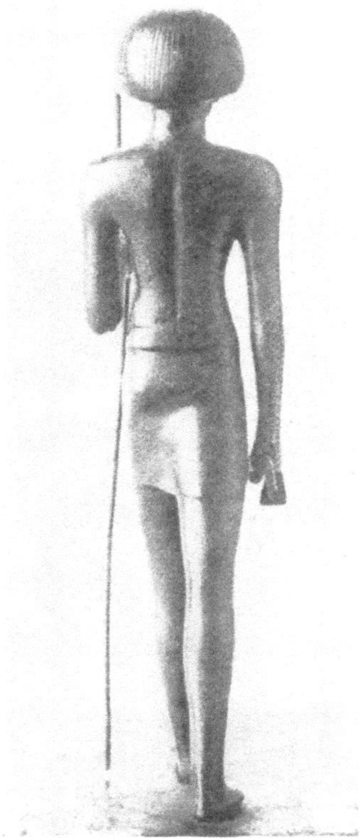

Mittleres Reich

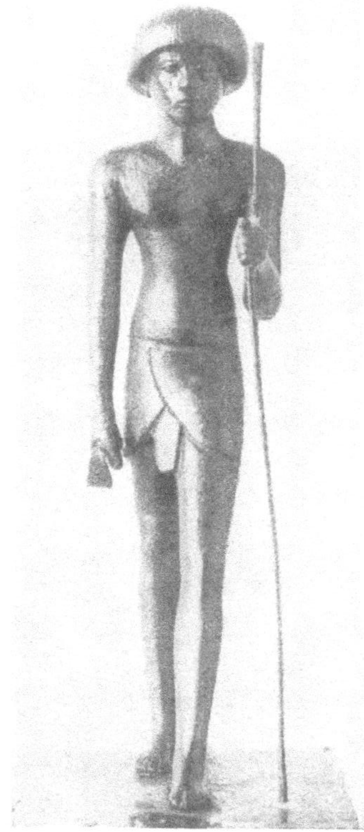

Athen

Opis

Bronze, h. 14,5 cm

(v. Bissing, Athen. Mitteilungen 1913)

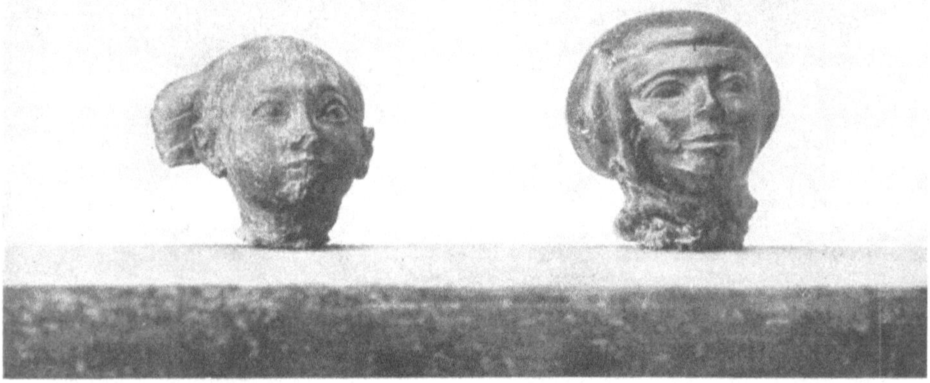

Köpfchen von Statuetten

Neues Reich
Brauner Stein, h. 2,4 cm

Mittleres Reich
Eisenstein, h. 3,3 cm

Berlin

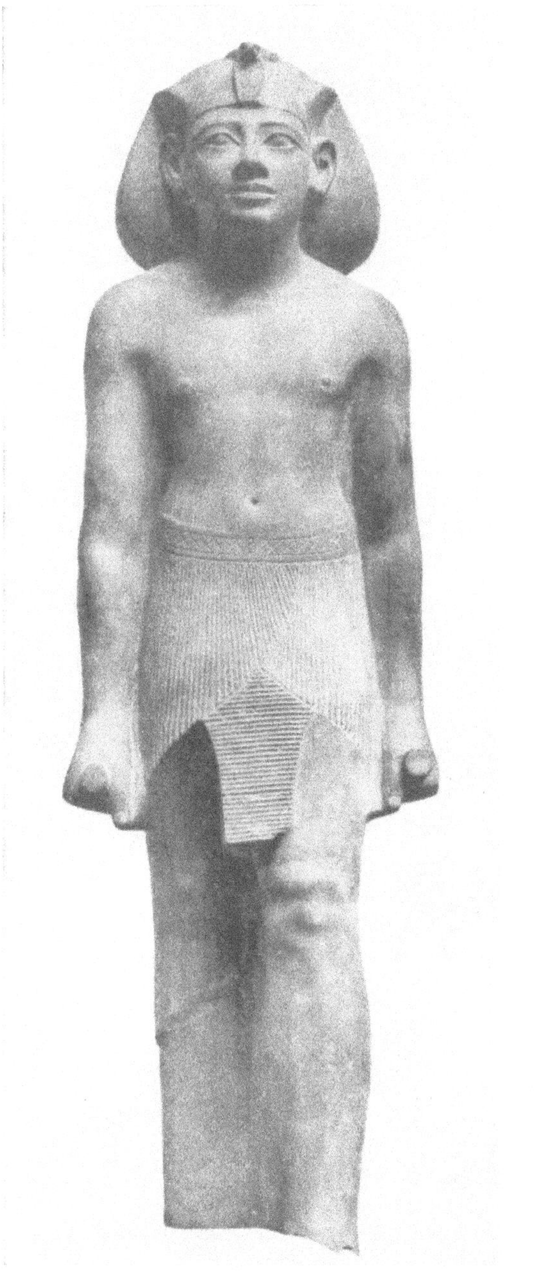

Neues Reich *König Amenophis II.* *Kairo*

Grüner Basalt, h. 57 cm

(Catalogue du Musée du Caire)

Neues Reich *Amenhotep-user und Tent-uazu* *Berlin*

Rotbrauner Sandstein, h. 58 cm

Neues Reich — **Königin Teti-sheri** — London

Kalkstein, h. 38 cm

Neues Reich *Dienerin des Fürsten Neb-n-hemut* *Berlin*

Kalkstein, h. 21 cm

Neues Reich — *Kalksteinstatuette* — *Berlin*

h. 14,5 cm

Neues Reich **Statuette eines Mädchens** *Berlin*

Brauner Stein, h. 9 cm

Neues Reich — **Statuette eines Mädchens** — *Berlin*

Brauner Stein, h. 9 cm

Neues Reich **Amenemheb** *Kairo*

Weißgold, Sockel aus Holz, h. 13 cm
(Carter: 5 years digging in Thebes)

Neues Reich *Tonstatuette* *Berlin*

h. 12 cm

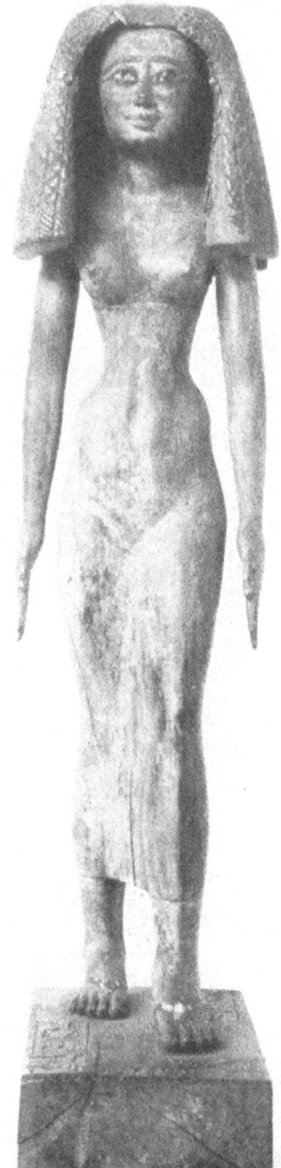

Neues Reich | *Prinzessin Imeret-nebes* | Leiden

Holz, h. 84 cm

Neues Reich — *Amenemopet und Hathor, genannt Henro* — Berlin

Holz, h. 32 cm

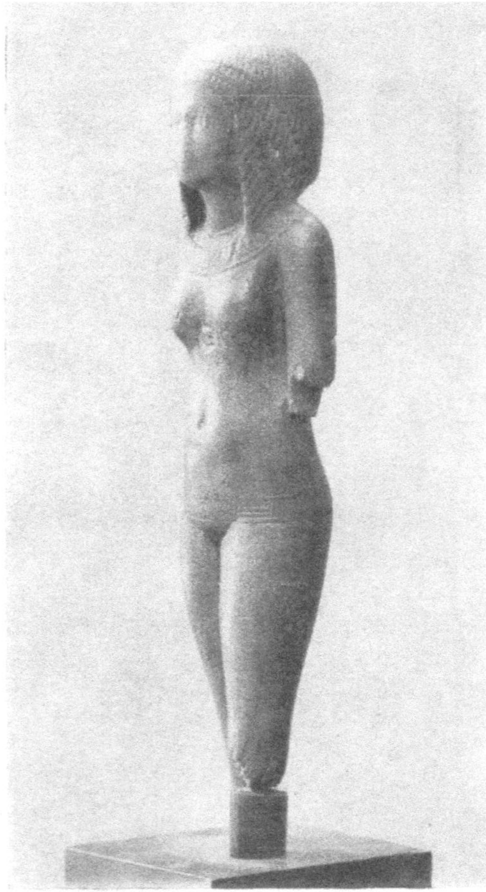

Neues Reich **Holzstatuette** *Berlin*

Reste von Goldeinlagen, h. 15 cm

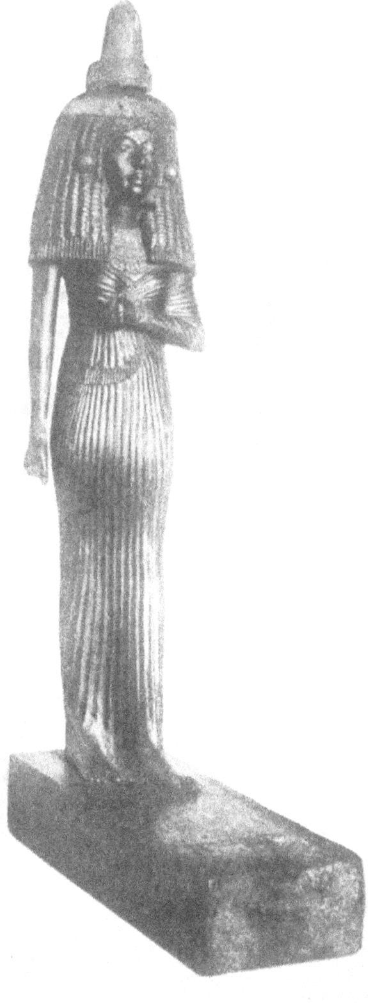

Neues Reich *Frau in Festkleidung* *Kairo*

Holz

(Bulletin de l'Institut du Caire I)

Neues Reich **Henet-taui** *Kairo*

Holz, h. 22 cm

(v. Bissing-Bruckmann Taf. 50)

Neues Reich **Holzstatuette** *Turin*

Neues Reich **Naï** *Paris*

Holz, bemalt und vergoldet

64

Neues Reich *Mädchen, einen Vogel haltend* Bologna

Holz, h. 15 cm

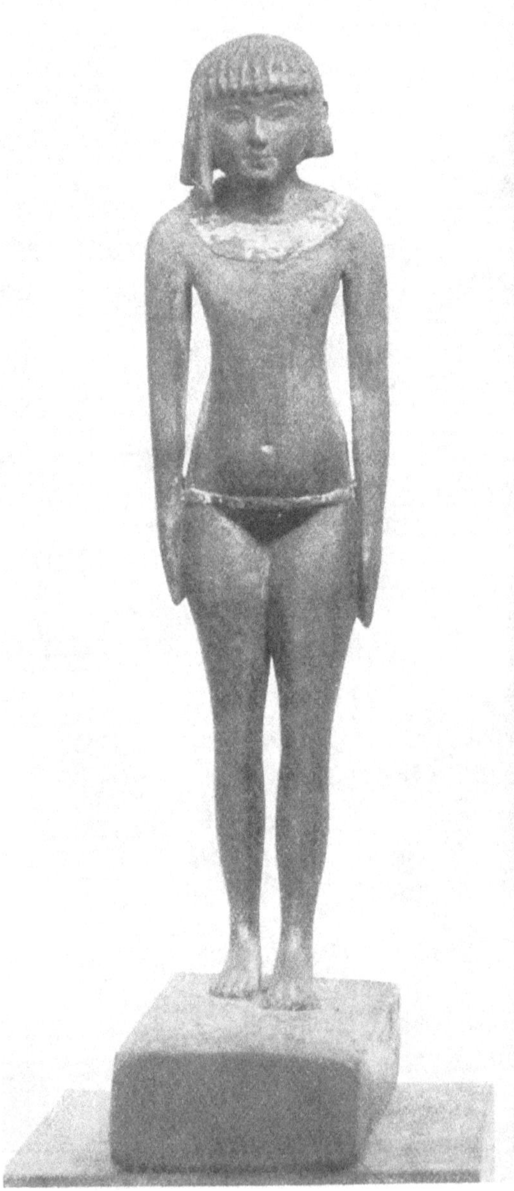

Neues Reich **Nefert-ma-u** *Turin*

Holz, h. 20,5 cm

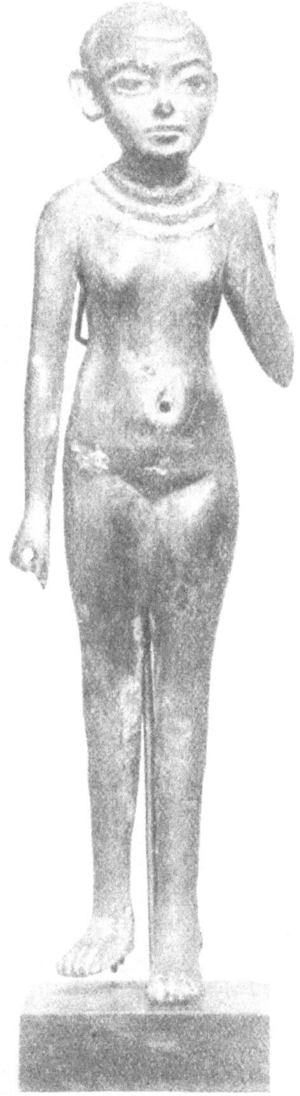

Neues Reich **Holzstatuette** *Berlin*

Kragen und Gürtel vergoldet, h. 13,8 cm

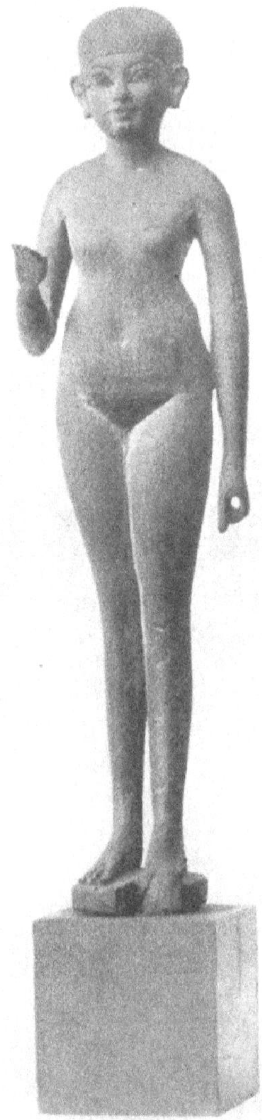

Neues Reich — **Holzstatuette** — London

h. 12 cm

Neues Reich **Königskopf** *Berlin*

Holz, h. 5,8 cm

Priester mit einem Osirisbild

Neues Reich — *Sammlung Hoffmann*

Holz, am Kopfreif rote und grüne Einlagen, h. 54 cm

Neues Reich **Offizier** *Berlin*

Bemaltes Holz, Kette und Armbänder vergoldet, h. 28,8 cm

Neues Reich **Holzstatuette** *Kairo*

h. 17,5 cm

(v. Bissing-Bruckmann Tafel 50)

Neues Reich — *Hirt, ein Lamm tragend* — Berlin

Holz, h. 10 cm

Neues Reich *Uschebti der Mes-necht* *Berlin*

Holz mit grünen Einlagen, h. 22,6 cm

Neues Reich **Uschebti des Schreibers Wez-mose** *Berlin*

Schweres dunkles Holz, Schrift weiß, h. 20 cm

Neues Reich — *König Amenophis IV.* — *Berlin*

Brauner Sandstein, h. 11 cm

Neues Reich | *König Amenophis IV.* | Berlin

Kalkstein, h. 12 cm

Neues Reich — **Königin Nefertete** — *Berlin*

Kalkstein, h. 41 cm

Neues Reich *Königin Nefertete* *Berlin*

Kalkstein, h. 41 cm

Neues Reich — König Amenophis IV. mit seiner Tochter — Kairo

Kalkstein, h. 40 cm

Neues Reich — *König Amenophis IV. mit seiner Tochter* — Kairo

Kalkstein, h. 40 cm

Neues Reich — **Tochter Amenophis' IV.** — Berlin

Brauner Sandstein, h. 21 cm

Neues Reich

König Amenophis IV.

Gelblicher Alabaster, h. 12,1 cm

Sammlung
Dr. J. Simon

Neues Reich — Königin Teje — Hildesheim

Bemaltes Holz, h. 20,8 cm

(Aufnahme des Pelizäus-Museums)

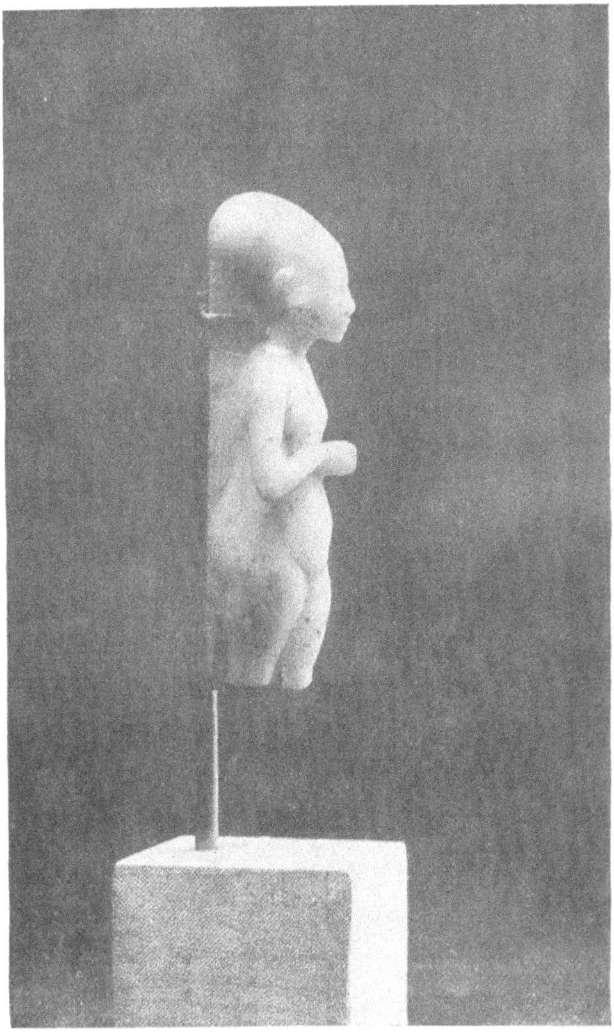

Neues Reich — **Tochter Amenophis' IV.** — Berlin

Bläulicher Alabaster, h. 7,2 cm

Neues Reich *Uschebti der Ketet* Kairo

Kalkstein, h. 20,5 cm

(Le Musée égyptien III, Tafel 23)

Neues Reich — *Modellkopf eines Pavians* — Kairo

Kalkstein, h. 6,5 cm

Mitteilungen d. D. O. G. Nr. 55

Neues Reich — *König Haremheb?* — *Kairo*

Versteintes Holz mit farbigen Einlagen

Höhe der Statuette 60 cm

Neues Reich — *Königin Ahmose-Nefret-ere* — *Berlin*

Holz, h. 43,7 cm

Neues Reich *Königin Ahmose-Nefret-ere* *Turin*

Holz, h. 42 cm

Neues Reich — *Isis und Horus* — London

Neues Reich | Osiris als Totenkönig | Berlin

Bronze mit farbigem Glas und Gold eingelegt
h. 39 cm

Neues Reich **Syrischer Gott** *Berlin*

Bronze, h. 27 cm

Libysche Zeit

König Osorkon II. eine heilige Barke darbringend

Kalkstein, h. 18 cm

(Catalogue des Statues III, Tafel 5)

Kairo

Libysche Zeit — *Nechtef-mut ein Ptahbild darbringend* — *Kairo*

Kalkstein, h. 42 cm

Libysche Zeit

Königin Koromama

Paris

Bronze mit Einlagen aus Gold, Weißgold und Kupfer, h. 60 cm

Libysche Zeit **Königin Koromama** *Paris*

Bronze mit Einlagen aus Gold,
Weißgold und Kupfer, h. 60 cm

Libysche Zeit **Königin Koromama** *Paris*

Bronze mit Einlagen aus Gold, Weißgold und Kupfer, h. 60 cm

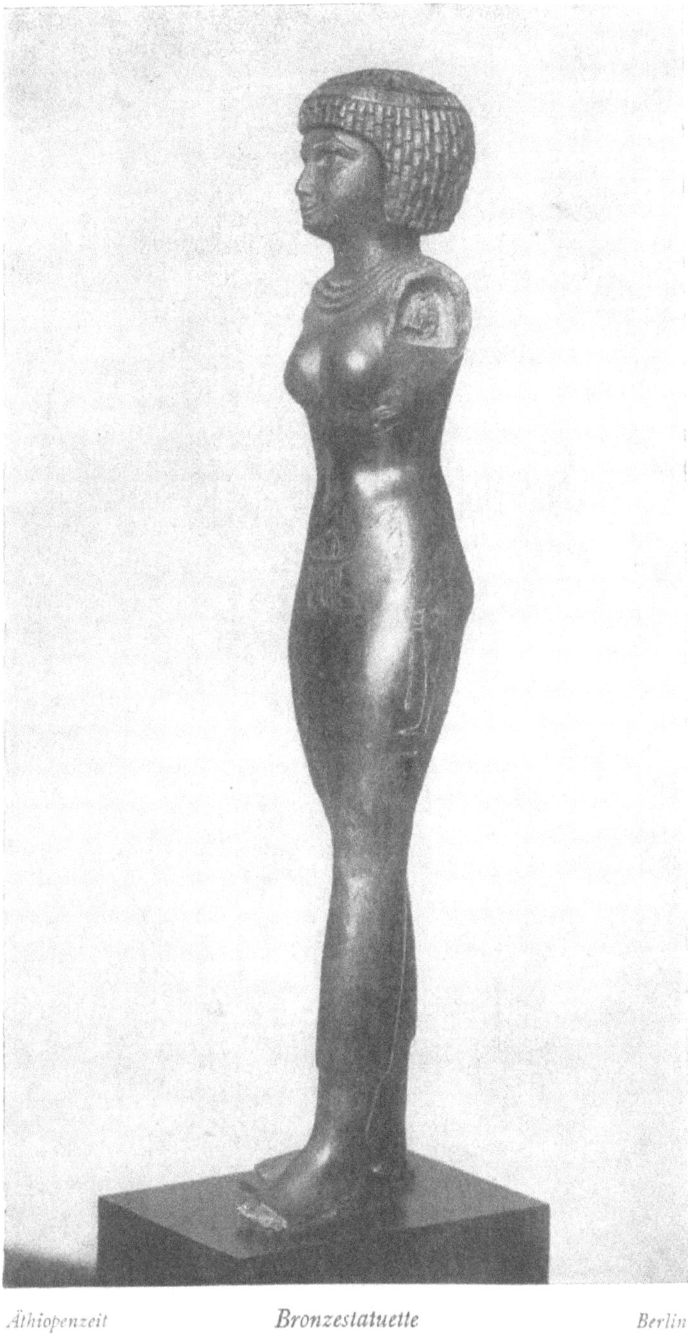

Äthiopenzeit **Bronzestatuette** *Berlin*

Ursprünglich mit Emaille und Metallfäden eingelegt, h. 56,4 cm

Äthiopenzeit — König als Gott Jn-Her — London

Bronze mit eingelegten Goldfäden

Äthiopenzeit *Mose* *Paris*

Bronze, h. 48 cm

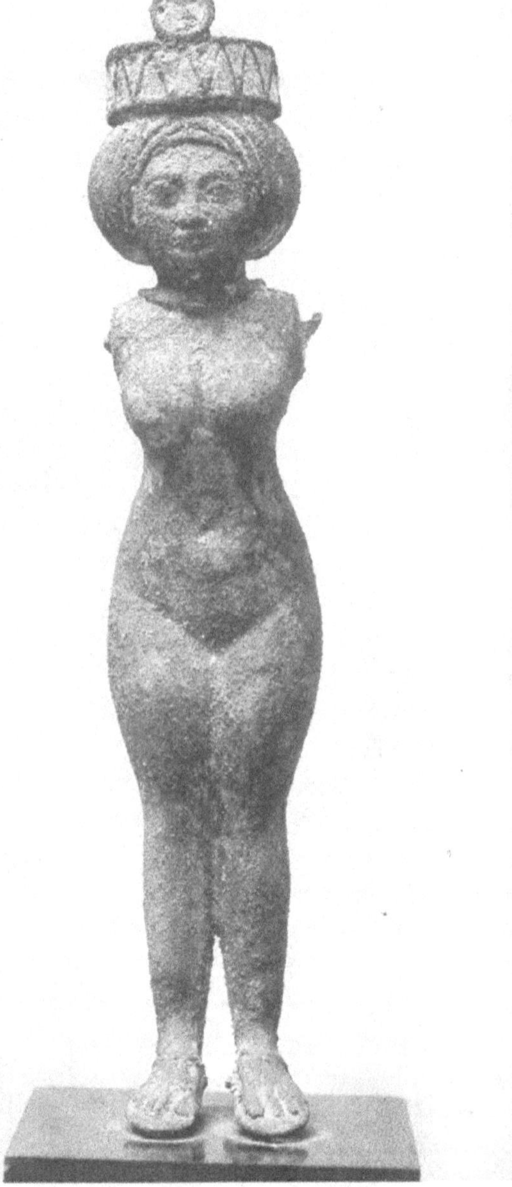

Äthiopenzeit **Königin?** *Berlin*

Bronze, im Haar Metalleinlagen, h. 20,3 cm

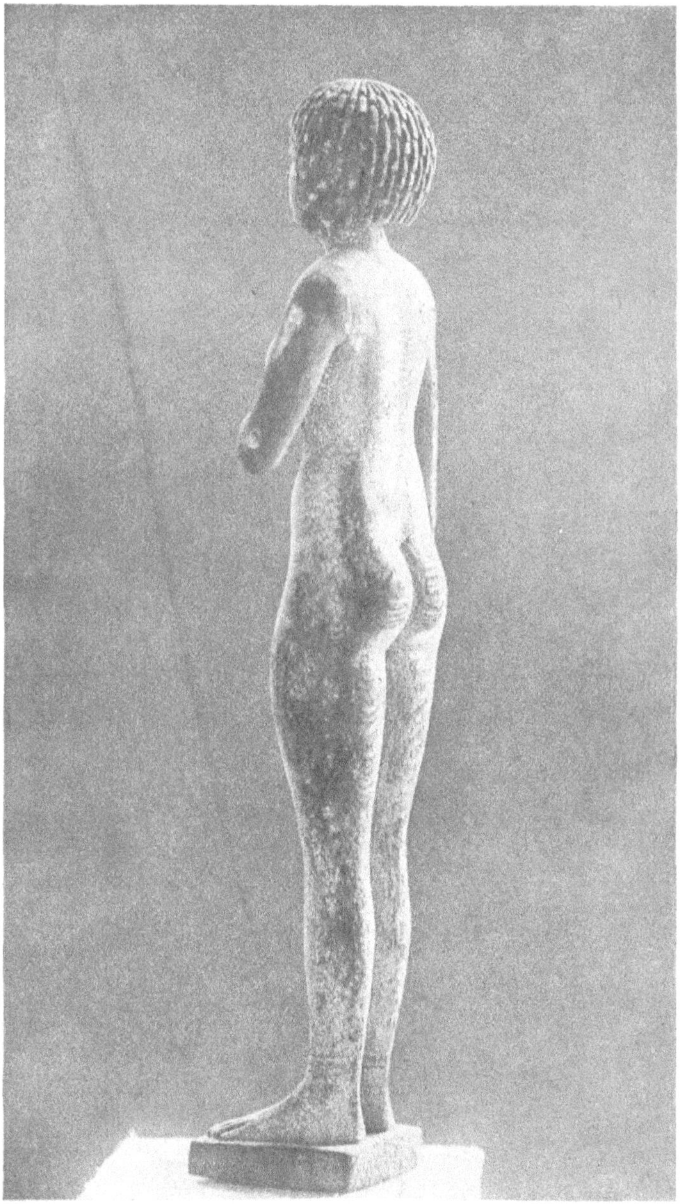

Äthiopenzeit *Aus dem Grabe der Taza* Berlin

Holz, h. 20,5 cm

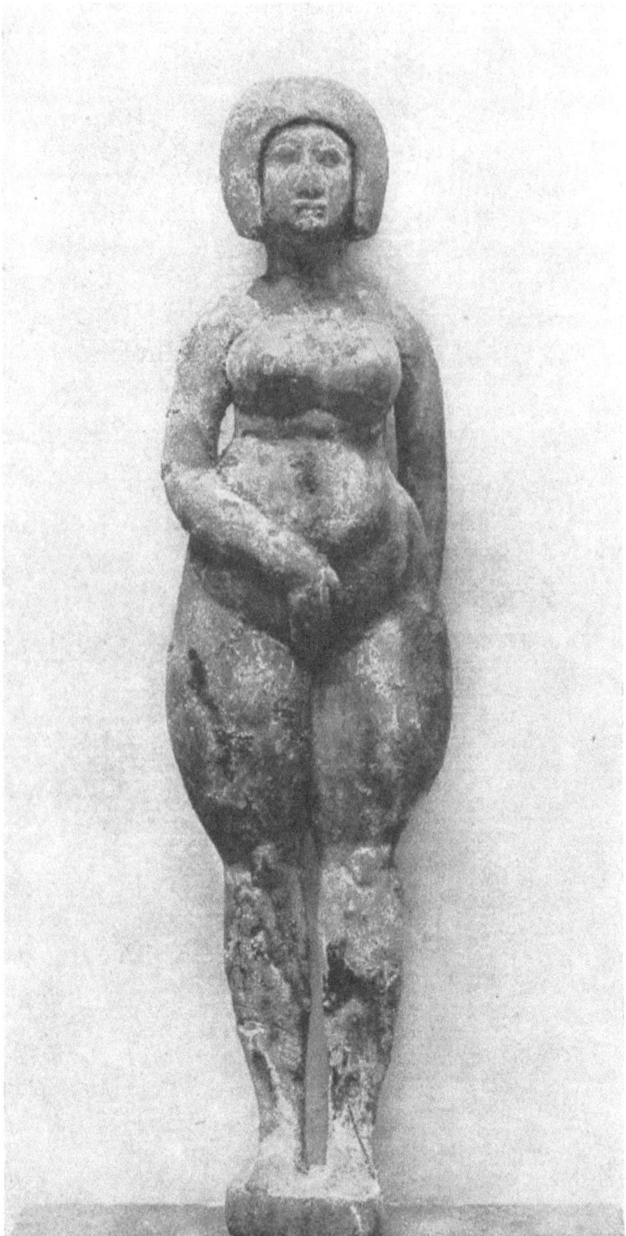

Äthiopenzeit **Holzstatuette** *Berlin*

h. 26 cm

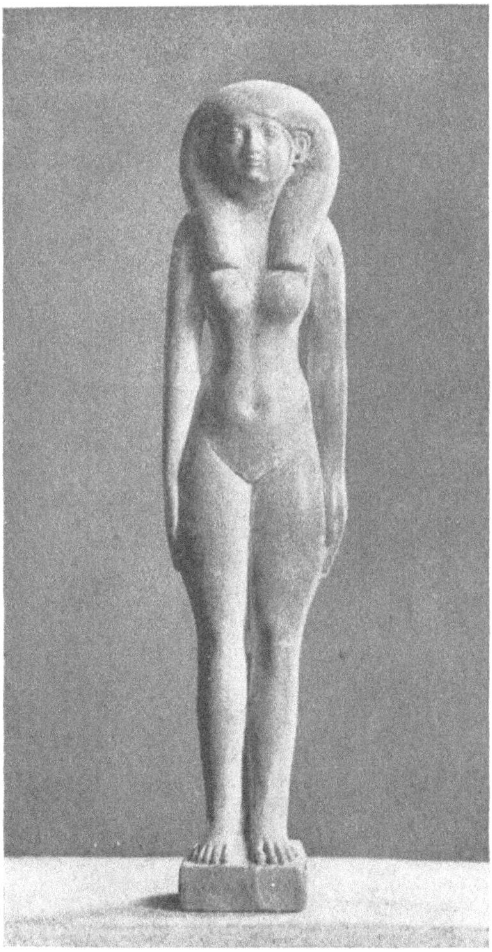

Äthiopenzeit **Aus dem Grab der Taza** *Berlin*

Elfenbein, Reste silberner Ohrringe
h. 15,6 cm

Äthiopenzeit

Kairo

Amon mit der Königin Amenerdis

Bläulich-grün glasierter Ton, h. 13,5 cm

(Katalog der Statuen III, Tafel 7)

Saïtische Zeit — *Auferstehender Osiris* — Kairo

Hellgrüner schwarzfleckiger Diorit, l. 54 cm

(Daressy Statues de Divinités, Tafel 23)

113

Saïtische Zeit **Priester** *Kairo*

Holz, h. 35 cm

(Borchardt, Statuenkatalog 140)

Saïtische Zeit **Männerköpfchen** Straßburg

Kalkstein, h. 6,5 cm

(Spiegelberg, Denkmäler Nr. 11)

Saïtische Zeit — *Uschebti des Har-uda, Priesters der Neith* — Berlin

Grün glasierter Ton, h. 22,5 cm

Saïtische Zeit **Patäke, Schutzgottheit** *Berlin*

Glasierter Ton, h. 9,7 cm

Spätzeit **Priester Peti-m-hat** *Paris*

Grüner Schiefer, h. 68 cm
(v. Bissing-Bruckmann, Tafel 68 A)

Spätzeit · **Gott Thot als Pavian** · *Berlin*

Kalkstein, h. 8,4 cm

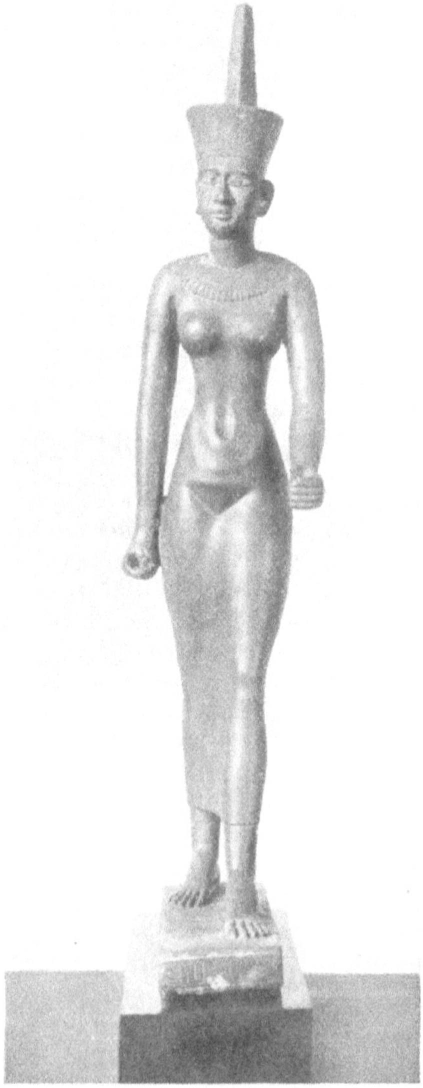

Saïtische Zeit **Göttin Neith, geweiht von Pete-neith** *Berlin*

Bronze mit Goldeinlagen, h. 38 cm

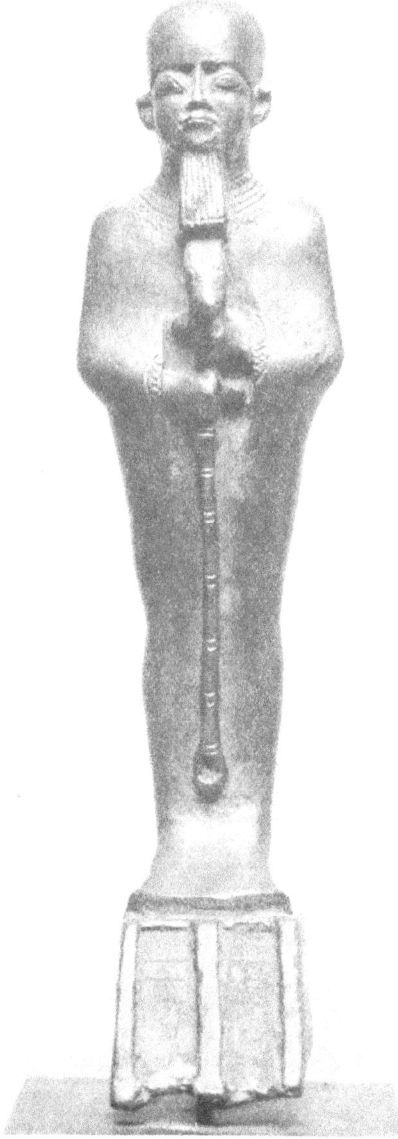

Spätzeit — **Gott Ptah** — *Berlin*

Bronze, h. 15 cm

Spätzeit **Der Weise Imhotep** *Berlin*

Bronze, h. 12,3 cm

Spätzeit — Gott Min — h. 12 cm

Göttin Bastet — h. 14 cm — Berlin

Bronze mit Goldeinlagen

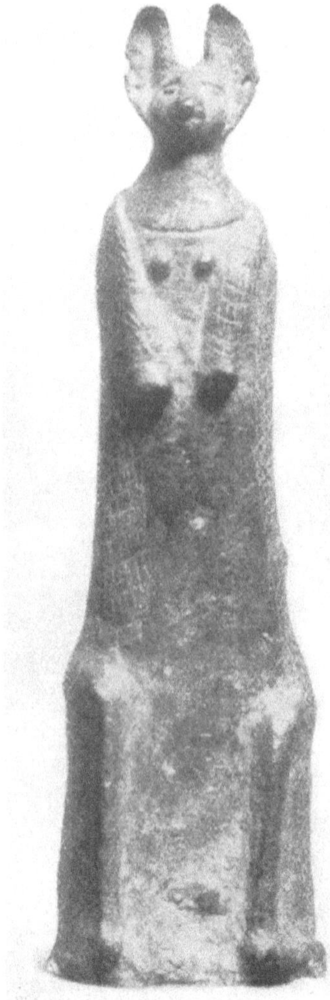

Fledermaus

Spätzeit *Burlington-Club Exhibition*

Bronze mit Goldeinlagen, h. 14 cm

Spätzeit — Heilige Katze der Göttin Bastet — Berlin

Bronze mit Gold- und Silbereinlagen, h. 8,5 cm

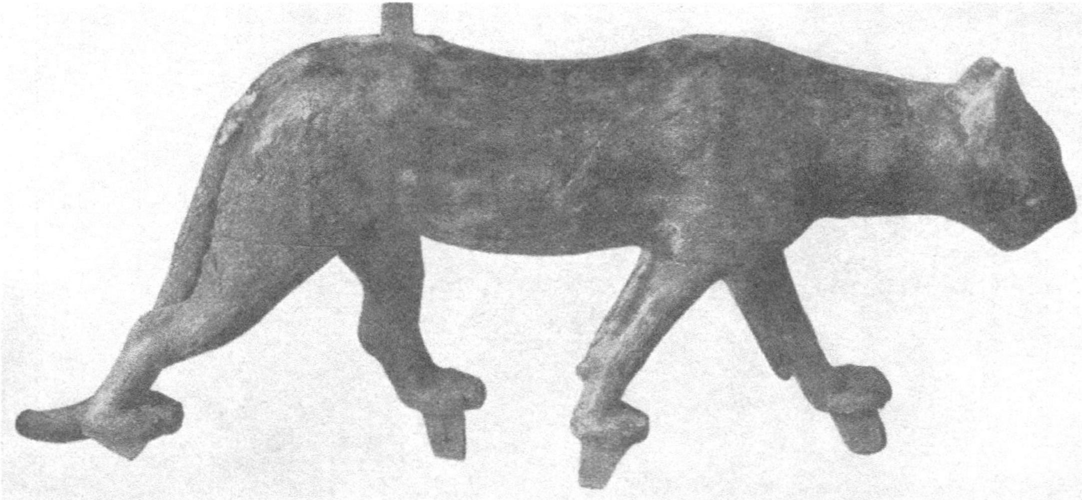

Neues Reich — *Armlehne eines Sessels* — *Kairo*

Aus dem Grab König Amenophis II.

Holz, h. 27 cm, l. 71 cm

(Daressy, Fouilles, Tafel 34)

Neues Reich — *Spiegel mit dem Kopf der Liebesgöttin Hathor* — Berlin

Gelbe Bronze, h. 25,4 cm

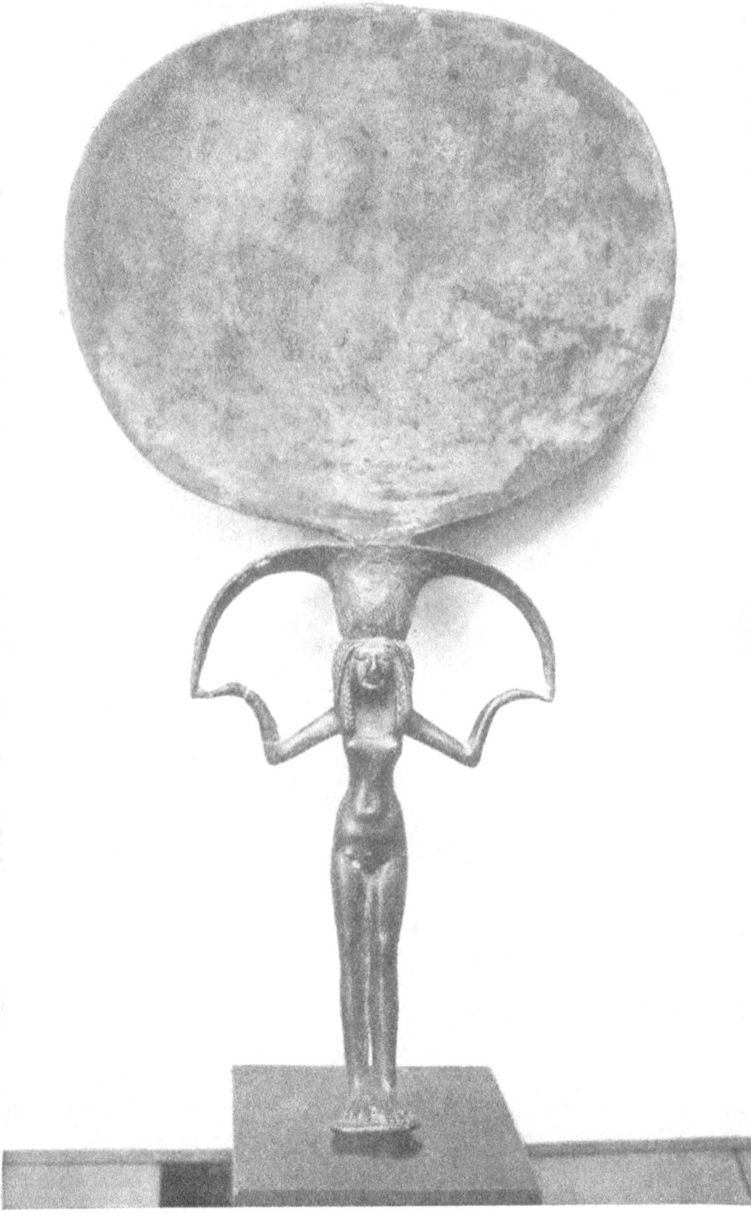

Neues Reich **Bronzespiegel** *Berlin*

Die Spiegelfläche versilbert, h. 30 cm

Neues Reich | Spiegelbehälter | Kairo

Aus dem Grab Amenophis II.

Sykomorenholz mit gelb, rot und grün getöntem Elfenbein eingelegt, h. 28 cm

(Bénédite, Miroirs, Tafel 23)

Neues Reich — *Holzfigur des Gottes Bes von einem Gerät* — Berlin

h. 12,6 cm

Neues Reich Spiegelgriff: Gott Bes *Kairo*

Elfenbein, Lippen und Zunge blaßrot, h. 15 cm

Neues Reich *Salbengefäß aus Holz* *Leiden*

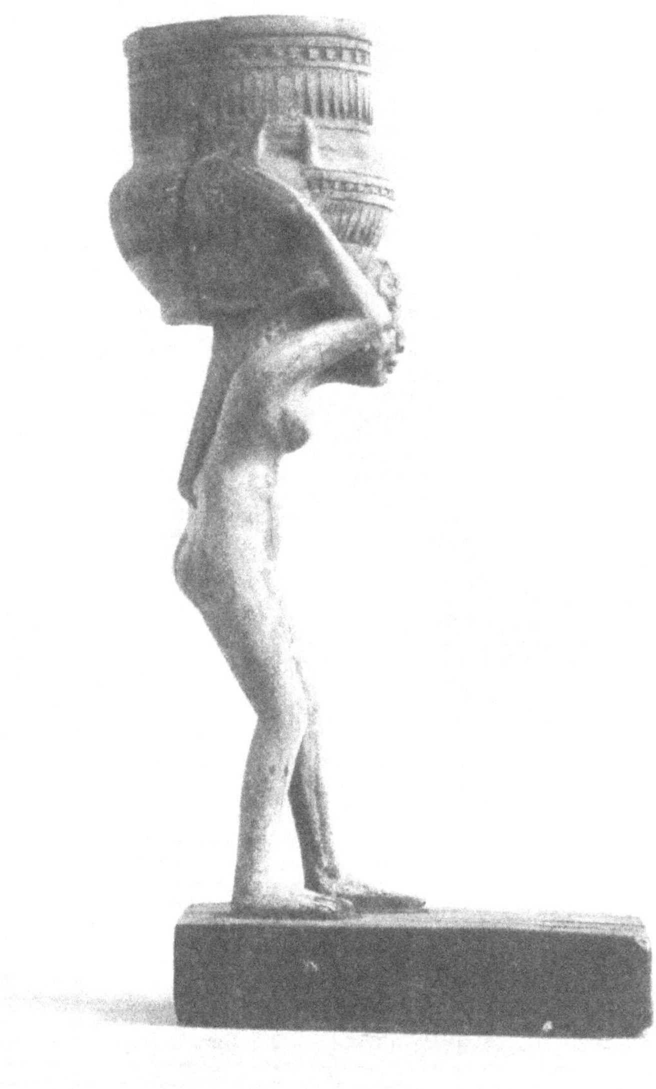

Neues Reich *Salbengefäß aus Holz* *Leiden*

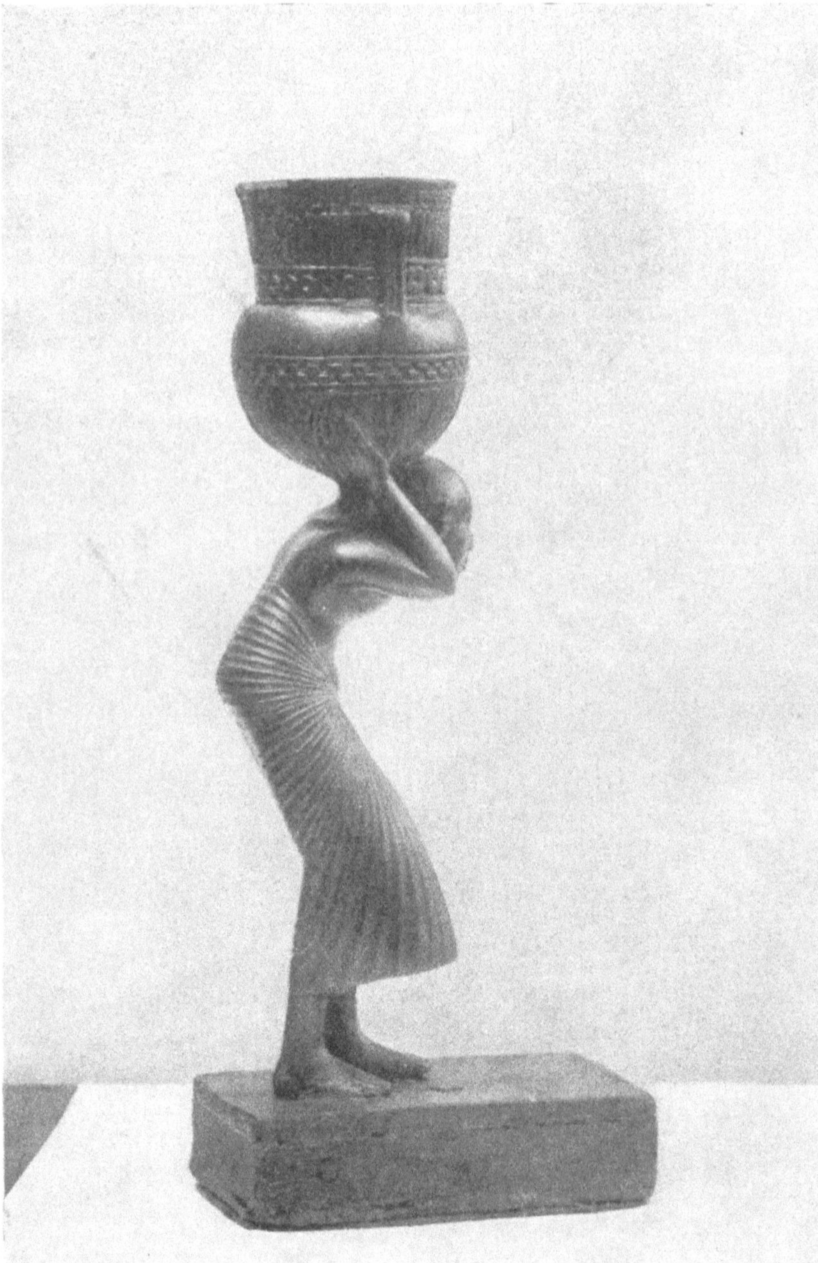

Neues Reich — **Salbengefäß aus Holz** — *Liverpool*

h. 22 cm

Neues Reich *Salbengefäß aus Holz* *Liverpool*

h. 22 cm

Neues Reich **Salbenschale** *Paris*

Holz

Neues Reich **Salbenschale** *Paris*

Holz

Neues Reich — **Salbenschale** — London

Holz, l. 24 cm

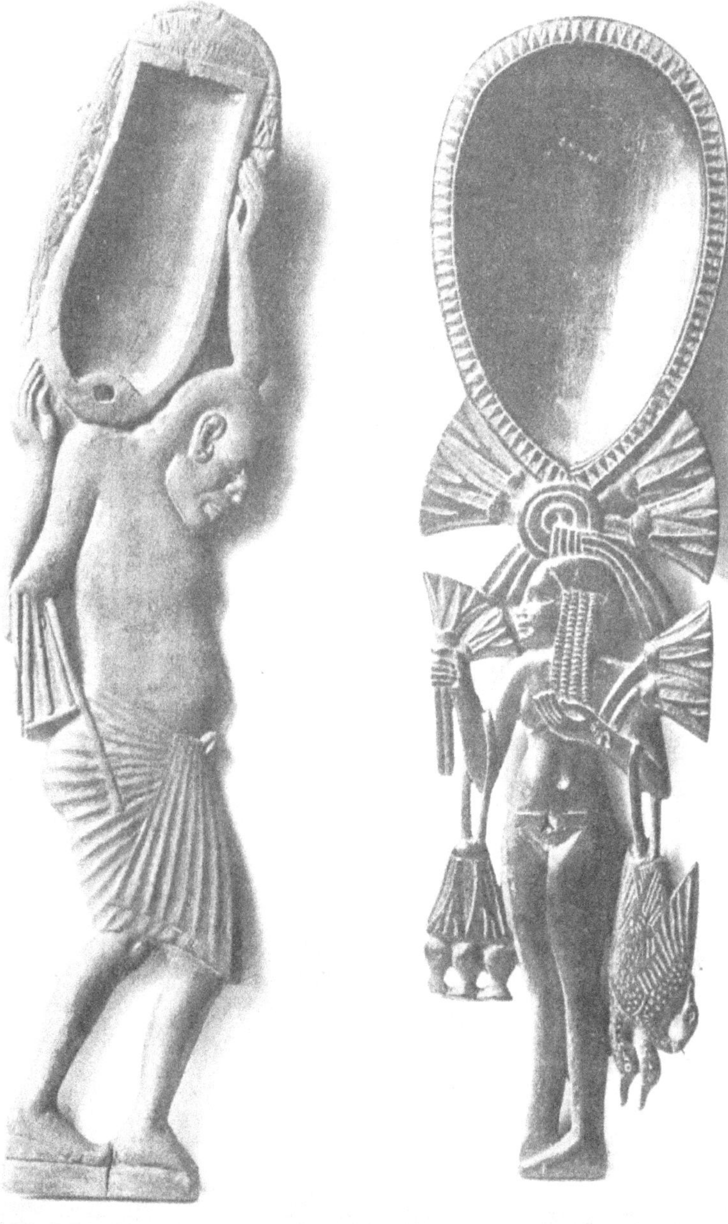

Neues Reich *Salbenschalen* *Paris*

Holz

139

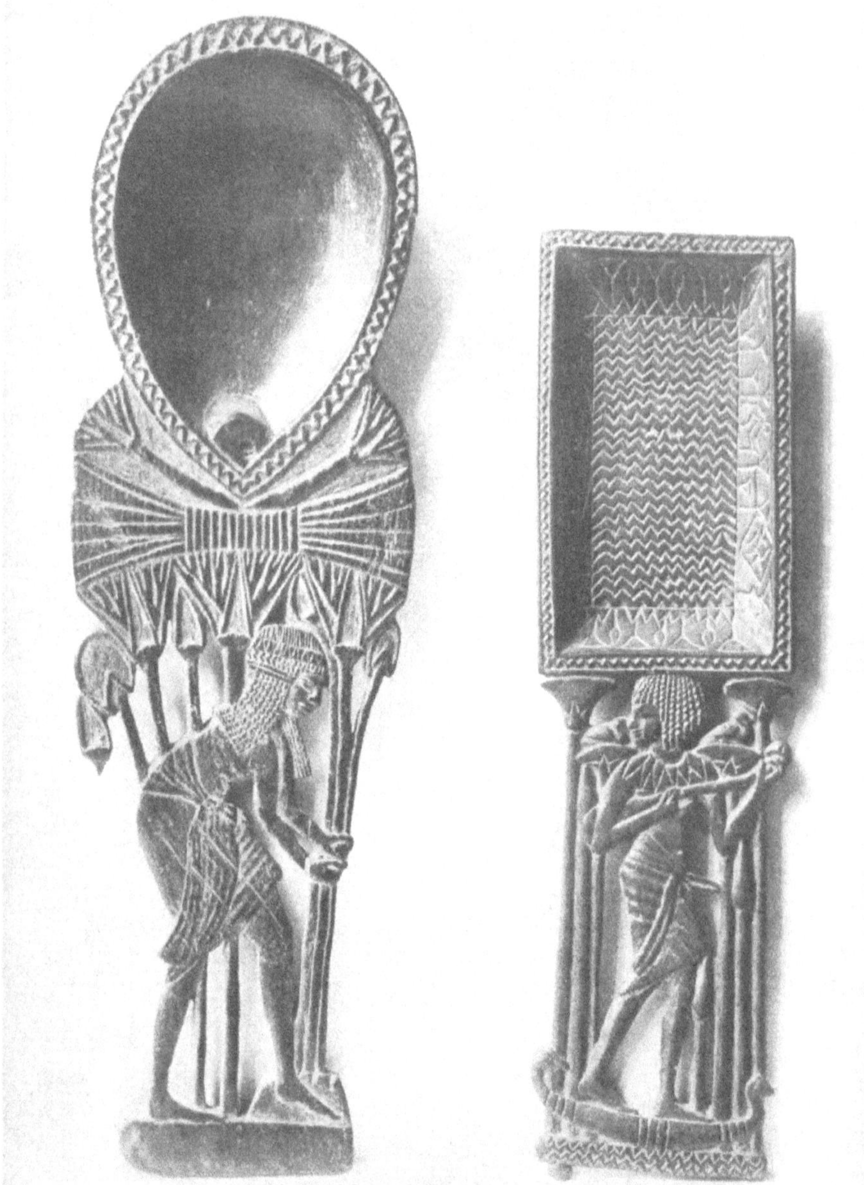

Neues Reich — **Salbenschalen** — Paris

Holz

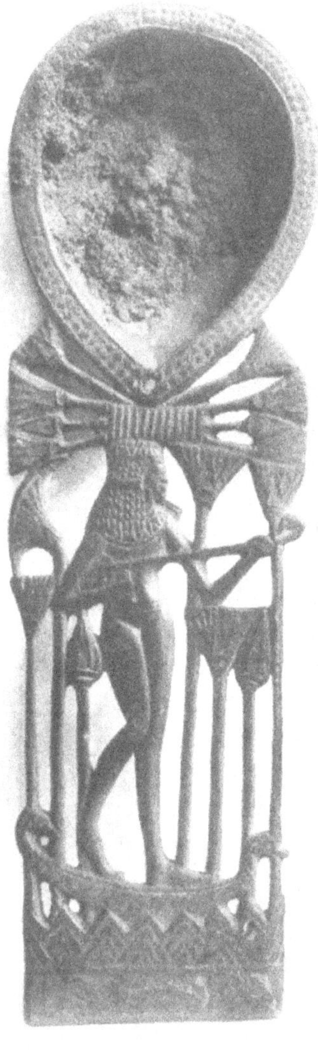

Neues Reich *l. 19 cm*

Salbenschalen

Holz

University College London *l. 16 cm*

Neues Reich — *Griff einer Salbenschale* — Berlin

Holz, l. 16 cm

Neues Reich

Salbenschale

Berlin

l. 16,7 cm

Neues Reich **Salbenschale** *London*

Holz, l. 27 cm

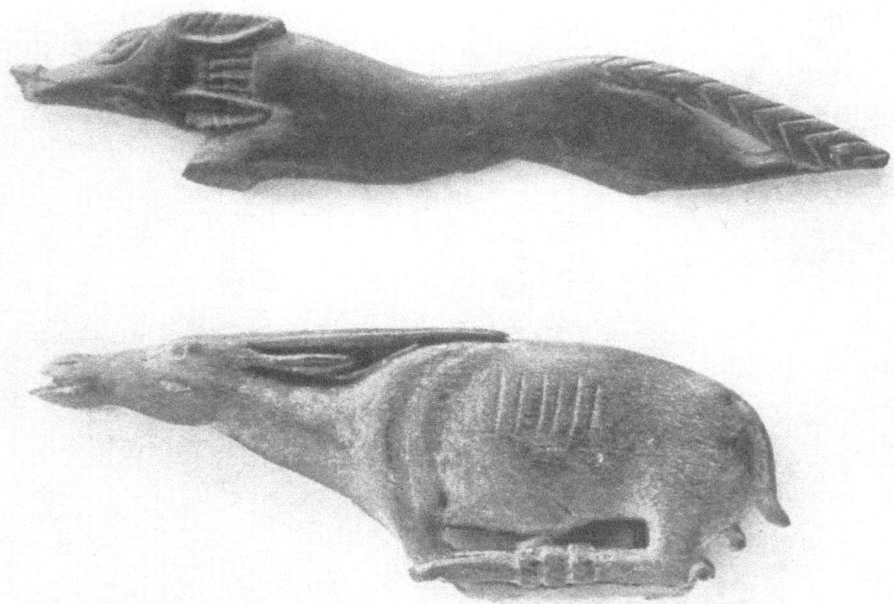

Neues Reich

Salbenschalen

Holz, l. 11,7 cm

Berlin

Neues Reich **Toilettengeräte der Königin Teje** *Kairo*

Grün glasierter Ton, das Haar rötlich
h. 7,7 cm

Glasierter Ton
h. 10,2 cm

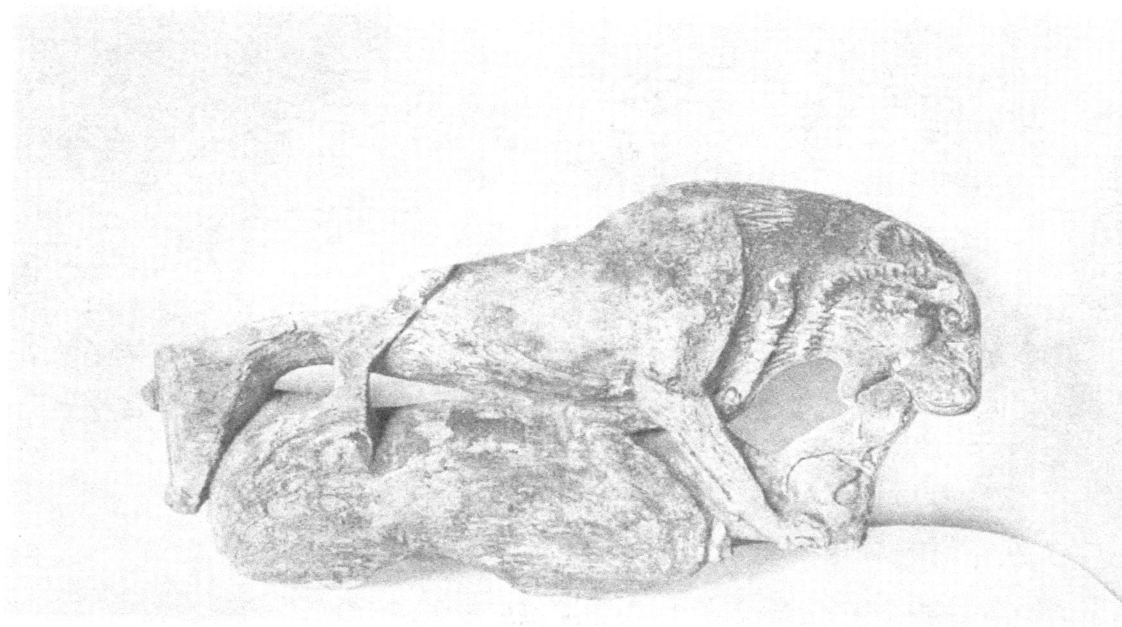

Neues Reich

Salbenschale

Elfenbein, l. 15 cm

Berlin

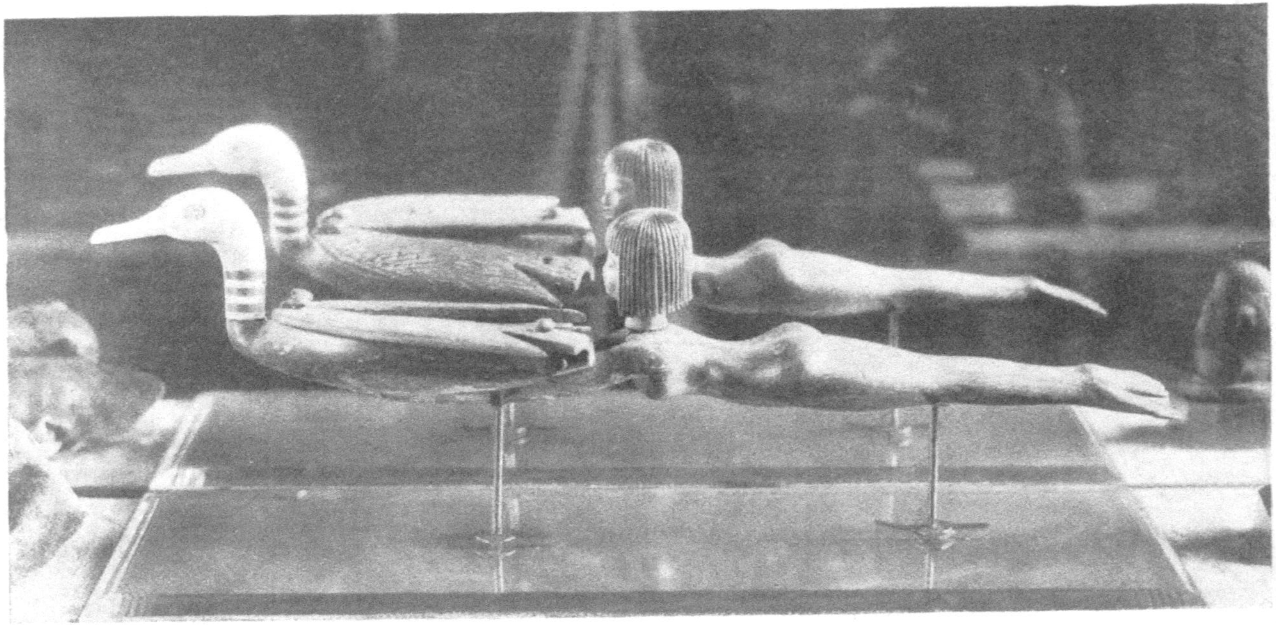

Neues Reich — *Salbenschale* — Paris

Holz

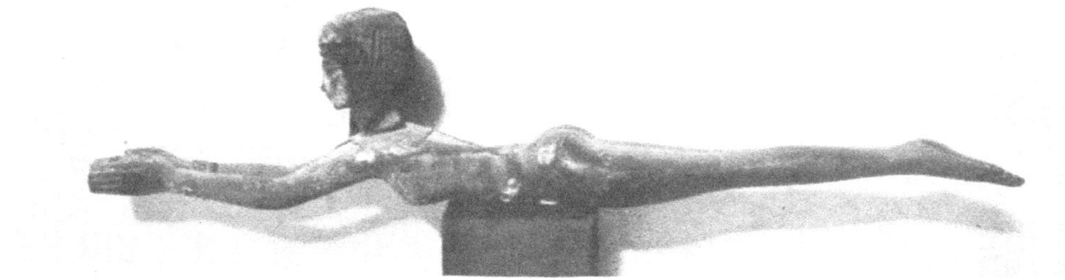

Neues Reich — *Griff einer Salbenschale* — Kairo

Holz

(v. Bissing, Einführung Taf. 30)

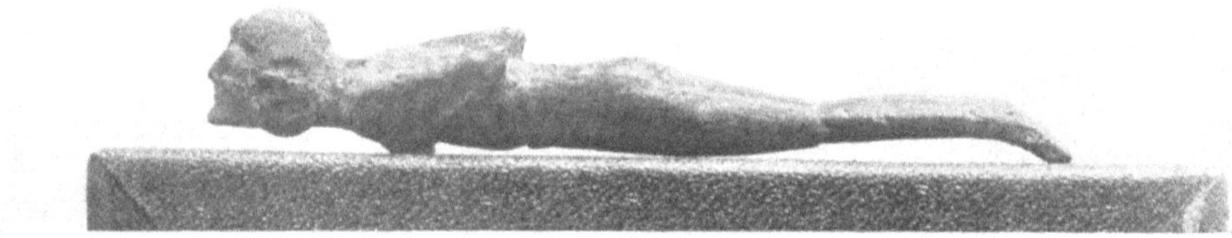

Neues Reich — **Gefesselter Libyer, von einem Gerät** — *Berlin*

Holz, l. 9,2 cm

Neues Reich — **Salbenschale** — *London*

Holz, l. 18 cm

Neues Reich

Gefesselter Neger von einem Gerät

Holz, h. 8,3 cm

Negerköpfchen

Ebenholz, h. 5,5 cm

Berlin

Neues Reich — *Berlin*

Gott Horus als Kind (Anhänger)

Grün glasierter Stein, jetzt entfärbt, h. 5 cm

Neues Reich *Zierlöffel aus Elfenbein* *Berlin*

h. 5,6 cm, br. 21 cm, l. 5,5 cm

Neues Reich — *Kämme aus Holz* — Brüssel

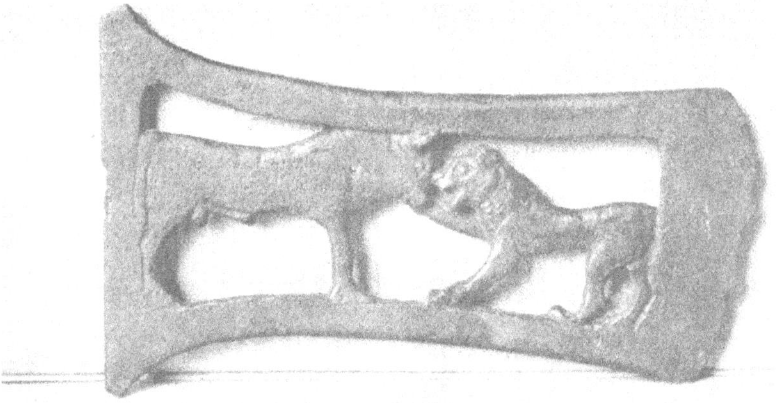

l. 11 cm

Neues Reich — **Klingen von Zierbeilen** — Berlin

Bronze, h. 10 cm

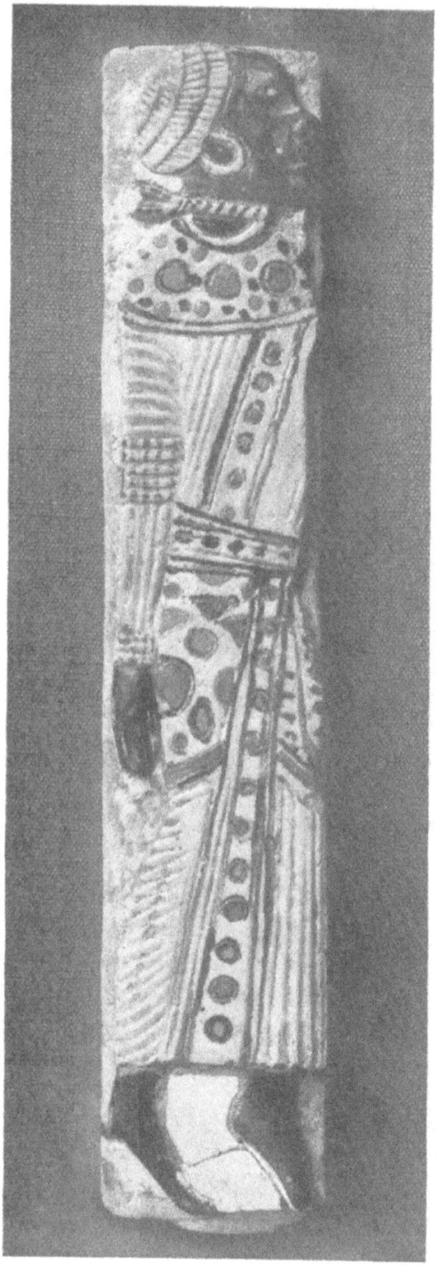

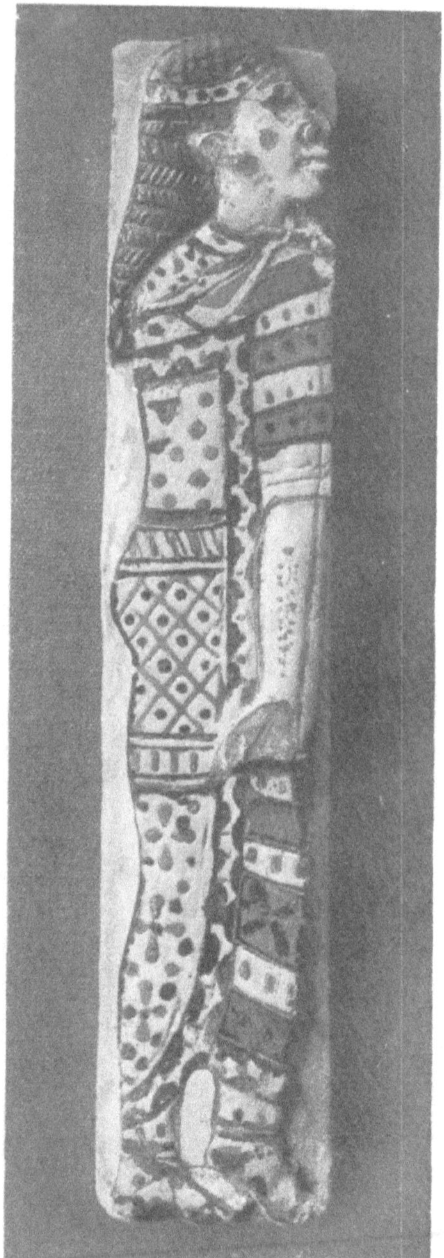

Neues Reich — *Farbige glasierte Kacheln* — *Berlin*

l. 29 cm, br. 5,5 cm

Neues Reich — *Doppelmaske des Gottes Bes* — *Berlin*

Grüne Fayence, h. 7 cm

Neues Reich — **Sistrumgriff, Hathormaske** — *Berlin*

Blaue und hellgrüne Fayence

h. 6 cm

MIX
Papier | Fördert gute Waldnutzung
FSC® C083411

Zeitfracht Medien GmbH
Ferdinand-Jühlke-Straße 7
99095 Erfurt, Deutschland
produktsicherheit@kolibri360.de